少有走不通的路，只有想不通的人

张瑜◎编著

中国纺织出版社有限公司

内 容 提 要

人生难免会误入死胡同，能否走出去的关键在于我们是否想得通。我们要么坚持自己的目标继续努力，即便出现了挫折，也要咬紧牙关继续前进；要么就拐个弯选择另外一条路，或许会有意想不到的收获。前方是否有路，来自你是否想得通。

本书深入地探讨了人生选择哪条路的问题，分析了人们遭遇困境、挫折时表露的心境、情绪，有的放矢地阐述出“不是路不通，而是心无法想通”的生活真理，给那些正在想不通的人以慰藉，但凡我们心中想通了，那人生的路就通了。

图书在版编目（CIP）数据

少有走不通的路，只有想不通的人 / 张瑜编著. -- 北京：中国纺织出版社有限公司，2020.8（2023.5重印）
ISBN 978-7-5180-7394-8

Ⅰ.①少… Ⅱ.①张… Ⅲ.①人生哲学—通俗读物 Ⅳ.①B821-49

中国版本图书馆CIP数据核字（2020）第076543号

责任编辑：江 飞　　责任校对：楼旭红　　责任印制：储志伟

中国纺织出版社有限公司出版发行
地址：北京市朝阳区百子湾东里A407号楼　邮政编码：100124
销售电话：010-67004422　传真：010-87155801
http：//www.c-textilep.com
中国纺织出版社天猫旗舰店
官方微博http：//weibo.com/2119887771
永清县晔盛亚胶印有限公司印刷　各地新华书店经销
2020年8月第1版　2023年5月第3次印刷
开本：880×1230　1/32　印张：7
字数：112千字　定价：48.00元

◇前言◇

林中有两条路，人们永远是走着一条路，心中却怀念着另一条路。人生世俗事务繁杂，当我们在选择走哪条路时总容易被外界所影响，大多数时候便会跟随大众，踏上看似宽阔的大道，不问初心，一股脑儿地向前追去。只是，后来的我们又会常常陷入沉思：假如当初自己走上那条没人走过的路，又会是怎样的结果？

当我们执意想走一条路时，头撞南墙也不回，我们自以为这就是豪迈的勇气，自以为这就是恣意不羁的人生，殊不知，最后走进了死胡同，怎么也走不出来。这到底是路没有了，还是哪里出了问题？心中的固执与痛苦是煎熬的折磨，我们却站在路的尽头没有了往日的潇洒，绝望、沮丧一起袭来，始终压在心上，再也找不到另外的路了。其实，这个世界上没有走不通的路，只有想不通的人。如果这条路走下去必然是撞南墙，那就拐个弯，另辟蹊径走下去；如果这条路走下去是荆棘，但最终会通往我们想去的地方，那么就勇敢走下去，世界上没有走不通的路，只有不敢走的人。能否走出死胡同，还源于你是否想通了未来的路如何走。

心中有了路，我们便会绕着阻碍向前走，可以翻越围墙，可以穿越树林，不管如何，我们都会走出那片迷雾。如果心中过不去，那就真的过不去了。当我们遭遇困境时，要懂得逼迫自己放下执念，想通未来，为自己开路。面对无法预知的未来，我们只有不停地探索和勇于创新，怀着对未来的憧憬，告诫自己，激励自己，不断培养自己探究和实践的能力，才能应付各种各样不期而至的挑战和抉择。

世界上本没有路，走的人多了，也就成了路。有时，走错了路别害怕，我们依然有选择。如果我们没有走错路，便不会发现新的路。毕竟，这个世界上没有走不通的路，只有不敢走的和想不通的人。所以，当你觉得走投无路时，勇敢坚定地走下去，路就在自己的脚下，只要迈步就有出路了，这个世界上只有那些想不通的人才真的无路可走，而我们应该鼓起勇气为自己开拓新的路，寻找新的人生。

编著者

2020年1月

◇目录◇

第01章

路的尽头，仍然有路，只要你愿意走

可能有人会问：成功的秘诀是什么呢？其实，若真论起来，成功并没有捷径可言，不过是坚持，一直坚持，坚持到所有人都放弃，那你就是冠军。向着心中的目标前进，路的尽头，仍然有路，只要你愿意走。

平静面对，唯有坚持才是出路

比尔·盖茨说：“社会是不公平的，我们要试着接受它。”在这个世界没有绝对的公平，假如真的绝对公平了，反而会是另外一种不公平。一个人从呱呱坠地开始，就会面临很多的不公平，有可能是出生背景不同、家庭关系不同、受教育程度不同，这些对我们而言都是不公平的。

如何来缩小与他人之间的距离？唯有坚持才是出路。我们每天为了生存，不得不坚持地挣扎着，以争取属于自己的那片天地。但在很多时候，我们坚持了，却没有得到期望的结果。这时不要较真，不要哭泣，也不要怨天尤人，我们需要平静地面对这个世界，因为这个世界没有绝对的公平，只有坚持才是唯一的出路。

大约在五十年前，一位小女孩诞生在田纳西州那士维市郊。她的健康有严重的缺陷，使她不能像一般人一样走路。虽然她有一个温馨的基督化大家庭，可是，当兄弟姊妹在外头享受奔跑和玩耍的乐趣时，她却必须被支架所限制。她的父母定期带她到那士维市区接受物理治疗，但小女孩痊愈的希望仍甚渺茫。“我可能像其他小孩一样，跑步和玩耍吗？”她问父母。

“亲爱的，你只要相信，”他们回答，“你若相信，神就能叫这事发生。”

她把父母的话放在心中，相信神能使她不必靠支架走路。她常瞒着父母和医生，靠兄弟姊妹的帮助，练习解开支架走路。在十二岁生日那天，她当着父母的面解下支架，不靠别人搀扶，自己在医生的办公室周围绕行。父母看到她这样惊人的变化，感到非常意外，医生简直不能相信她的进步，但她从此不必戴着支架了。

她的下一个目标是打篮球。她继续运用信心和勇气，和她未曾发育的双腿，去参加学校篮球队。教练挑了她的妹妹入队，却拒绝了那勇敢的女孩。她的父亲，一位智慧和可亲的先生，告诉教练：“我的女儿们是一对。你若要其中一个，另一个也要接受。”教练只好勉强让她加入。于是她得到一件过期的制服，被允许跟其他队员一起练习。

十六岁那年，她成为全国最佳的年轻选手，被选派参加在澳洲举行的奥林匹克运动会，跑四百公尺接力赛的最后一棒，赢得了铜牌。她对这样的成就并不满意，于是再接再厉，四年后再次参加一九六零年的罗马奥运会。

那一次，维玛·鲁道夫（Wilmna Rudolph）赢得一百公尺短跑，二百公尺短跑，又在四百公尺接力赛中的最后一棒中夺标，为全队赢得胜利。当年她更锦上添花，被选为全美最佳业余运动员，获得极高的苏利文奖荣誉。风雨之后，维玛的信心和坚持得到了收获，她相信世界从来都是不公平的，但坚持会是前方唯一的路。

面对世界的不公平，任何的抱怨以及堕落只会成为你失败的烂借口，唯有坚持才是抵达梦想的基石。

世上没有什么东西能够代替坚持，才华不能代替它，那些有才华的人不能成功的事例太常见了；天赋不能代替它，“没有回报的天赋”都快成一个俗语了；接受教育也不能代替它，世界上到处都是接受过教育而不得志的人，只有坚持才是唯一的出路。

人的成长是一个漫长的较量，能否取得最后的胜利，不在于一时的快慢，如果你能够在自己成长的道路上静下心来，遇到困难不气馁，不灰心，矢志不移地前进，那么你必将获得最后的胜利。

三分钟热情，终会冷却下来

在人类历史的长河中，多少卓有成就的人都是这样成功的。宋代司马光编写《资治通鉴》，历时19年才截稿，但那时他已经是老眼昏花，不久就去世了；明代李时珍撰写《本草纲目》，几乎跑遍了名川大山，收集了多少资料，耗费了整整27

年的时间，才铸就了这部名著；谈迁花了20多年的时间才完成了《国榷》，不料完成之后书稿被小偷盗走了，无奈之下，他又开始重新撰写，用了8年的时间才完成。

这些例子都足以说明，无论做什么事情，只有持之以恒、呕心沥血，竭尽毕生，才能达到成功的巅峰，若只有“三分钟热情”，最终你只能一事无成。

在生活中，做事不能只有“三分钟热情”，而是需要持之以恒，这样才能有所作为。现代社会，不少年轻人在刚开始工作时满腔热血，但时间久了就慢慢地懈怠了，最终一事无成。

那些做事只有三分钟热情的人，他们似乎还没有进入真正的角色，有些人甚至对做事很不耐烦，他们的三分钟热情就好像是一种预警，预示着他们会放弃，或者被社会淘汰，在更多的情况下，他们往往会在东奔西跑中一事无成。

其实，工作不是仅仅依靠热情就能做好的，它更需要坚持，坚持，再坚持，而不是只有三分钟热情，只有做到了这样，你才是真正的职业人。我们都听过龟兔赛跑的故事，在生活中，也会经常出现“龟兔赛跑”的例子，有的人成了爱睡觉、对事情三分钟热情的兔子，他们总是情绪不稳，一会儿想要夺冠，一会儿想要偷懒，结果造成了三分钟热情的现象。而有的人则成为了慢腾腾的“乌龟”，虽然跑得比较慢，但他们情绪和心态都比较稳定，抓住了一个目标就认真地去完成，这样反而适应了社会的规律，最终夺冠。

从前，有一名和尚叫一了，他的耐性不够，做一件事情只要稍稍遇到点困难，就很容易气馁，不肯锲而不舍地做下去。

有一天晚上，师父给他一块木板和一把小刀，需要他在木板上切一条刀痕，当一了切好了一刀以后，师父就把木板和小刀锁在他的抽屉里。以后，每天晚上，师父都要小和尚在切过的痕迹上再切一次，这样连续了好几天。

终于到了一天晚上，一了和尚一刀下去，就把木板切成了两大块。师父说："你大概想不到那么一点点力气就能把一块木板切成两大块吧？一个人的一生的成败，并不在于他一下子用多大的力气，而在于他是否能持之以恒。"

古人云："事当难处之时，只让退一步，便容易处；功到将成之候，若放松一着，便不能成。"在生活中，有很多事情，并不是仅仅依靠三分钟热情就可以做好的，也不是一朝一夕就能做到的，而是需要持之以恒的精神，我们必须要付出时间和代价，甚至是一生的坚持，当然，在这个过程中，我们需要忍耐，坚持，再坚持，等待机会和成功的来临。

生活中，那些"三分钟热情"的人，尽管他们接触了不同的工作，牵涉了不同的行业，但最终他们不会做任何一件事情，他们只是在猎奇的过程中获得了满足，最终，他们将一事无成。相反，那些只做了一件事情，并坚持到底的人，他们

在某个行业或某个领域达到了一定的高度，他们才是真正的成功者。

有人问著名的组织学家聂弗梅瓦基为什么一生都花在研究蠕虫的构造上，聂弗梅瓦基回答说：“你可知道，蠕虫这么长，而人生却这么短。”的确，一个人的生命是有限的，而科学研究是无止境的。

简而言之，如果你想获得任何一项事业的成功，就必须持之以恒，甚至付出毕生心血，对于成功而言，恒心就是力量。

力量，经时间的打磨将会铸就奇迹

古人云：“锲而舍之，朽木不折；锲而不舍，金石可镂。”一个人只要有恒心，迈着坚定的步伐，义无反顾地向前走，最终会沐浴到胜利的光辉。如果你去过乡下，有幸可以看到有屋檐的老房子，那你就明白其中的道理。

“铁棒磨成针”和“滴水穿石”的道理是一样的，李白正是靠着这样的耐力，攻读百书，才铸就了后来的诗仙。在生活中，不管我们遇到多大的难事，都不要畏惧，不要退缩，而是勇敢地向前，每天坚持一点点，长年累月，累积起来的力量足以干成任何大事。

哪怕是一点点的力量，经过时间的打磨，也会蜕变成一股

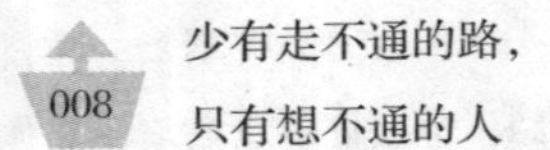

强大的力量，而这正是推动我们走向成功的力量。

在乡下，屋檐之下是石头砌成的平台，而屋檐上是瓦片铺盖而成的屋顶。每当下雨的时候，天上的雨水降落下来，滴在屋檐上，那水珠就顺着瓦檐流下来，好像珠子串成的帘子一样，而顺着水珠滴落的地方，经过这样长年累月地打磨，那坚硬的石头竟然出现一些小坑洼。

那是多么神奇的力量，柔弱的水珠，竟然可以将石头滴穿？其实，不要为此感到惊讶，因为这就是“滴水穿石”的真实现象。

有一天，童第周看到屋檐下的石阶上整整齐齐地排列着一行小坑坑，他觉得非常奇怪，琢磨半天也弄不明白这是怎么回事，便去问父亲：“父亲，那屋檐下石板上的小坑是谁敲出来的？是做什么用的呀？”父亲看到儿子这样好奇，高兴地说：“这不是人凿的，这是檐头滴下来的水敲的。”小童第周感到更奇怪了，水还能把坚硬的石头敲出坑吗？父亲耐心地解释说：“一滴水当然敲不出坑，但是天长日久，点点滴滴不断地敲，不但能敲出坑，还能敲出一个洞呢，古人不是常说‘滴水穿石’嘛，就是这个道理。”

父亲的一席话，在小童第周的心里激起了一阵阵涟漪，他坐在屋檐下的石阶上，望着父亲，似懂非懂地点点头。在家里，由于农活比较多，童第周对学习失去了兴趣，不想读书了。这时父亲耐心地开导童第周说：“你还记得滴水穿石的故事吗？小小的檐水只要坚持不懈，能把坚硬的石头敲穿，难道一个人的恒心不如檐水吗？学知识也是靠一点点积累，坚持不懈才能获得成功。”同时，为了更好地鼓励童第周继续上学，父亲书写了“滴水穿石”这四个大字赠给他，并充满期望地说：“你要把它作为座右铭，永志不忘。”

生活中，做任何事情都需要一个过程，一点点累积，就足以凝聚成一股巨大的力量。如果你放松了平日的坚持，只靠临时抱佛脚，那将注定失败。

大自然的这些神奇力量一样可以引申到我们生活中，在生活中，那些可以忽略不计的力量，如果将这一点点凝聚起来，该是多么大的力量。

不论是做人还是做事，我们都需要坚信水滴石穿的真理，坚守时间的打磨，终有一天，我们能够顺利地采摘成功的果实。

有时候，在平日中不断坚持却没有得到回报的人们，心里总是抱怨：为什么上天不公平呢？其实，上帝给予我们的都是公平的，如果你还没有得到回报，那只是因为时机还没到，因为时间就是最好的见证者，它见证了你一点点的坚持，最后，它也将见证你的成功。

坚持还不够，必须全力以赴

成功是建立在全力以赴、尽职尽责做好日常工作的基础之上的。千万不要小看一些事情，因为它往往是决定成败的关键。做每一件事情，年轻人都需要全力以赴、尽职尽责，当他在完成一项事情的时候，不管结果怎么样，总是先问自己：在做这件事情的时候，自己是否考虑全面了，自己是否竭尽全力？这才是成功者通常的习惯，也正因为这个习惯，使得他们在每一次坚持中总是能收获很多，因为每一个细节他们都考虑到了，他们从来不做半途而废的事情。

每个人都有极大的潜能，通常情况下，一般人的潜能只开发了2%~8%，即便是像爱因斯坦那样伟大的科学家，也只是开发了12%左右。有人为此得出了这样一个结论：一个人假如开发了50%的潜能，就可能背诵400本教科书，可以学完十几所大学的课程，还可以掌握二十来种不同国家的语言。

如果我们还在坚持辩解说“我已经坚持了”，那只能说这样的辩解是苍白的，因为只是坚持还不够，必须全力以赴才行。

上帝总是在让你尝到快乐与幸福之前，习惯性地给我们一些考验，即便在我们看来这个考验的过程是又苦又累的，但只要我们全力以赴，坚持支撑，即便遇到再大的困难与挫折，也选择不放弃，那我们就一定能品尝到成功的快乐。

做任何事情都是一样的道理，当我们全力以赴，破釜沉舟，就一定能成功。假如我们心中先有预想，万一失败了，已经找好了退路，那么成功就比较困难。

眼前的苦与累又算得了什么呢？再苦再累，那只是暂时的，只要熬过了这段时间，那未来的日子是值得期待的，因为苦尽甘来，我们所能尝到的是成功的滋味。

那年冬天，猎人带着猎狗去打猎。猎人一枪击中了一只兔子的后腿，受伤的兔子拼命地逃生，猎狗在其后穷追不舍。可是追了一阵子，兔子跑得越来越远了，猎狗知道实在追不上了，只好悻悻地回到了猎人身边。

猎人气急败坏地说："你真没用，连一只受伤的兔子都追不到！"猎狗听了很不服气地辩解道："我已经尽力而为了呀！"而兔子带着枪伤成功地逃生回了家，兄弟们都围过来惊讶地问它："那只猎狗很凶啊，你又受了伤，是怎么甩掉它的呢？"

兔子说："它是尽力而为，我是竭尽全力呀！它没追上我，最多挨一顿骂，而我若不竭尽全力地跑，可就没命了呀！"

一个人做任何事情，心中的意图强烈与否会大大影响到最终的结果。猎狗没有饿肚子的疑虑，因此放弃的念头轻易闪

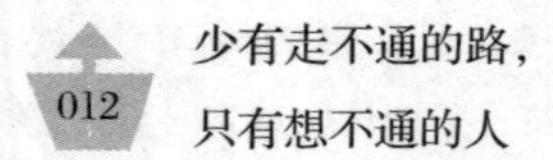

现，总是想着自己的退路，所以它很容易就放弃了。而兔子呢？对它而言却是一场生死竞赛，跑慢了就会没命，所以它不敢偷懒，它已经没有退路了，只有不断向前跑，才能活下来。

当我们毫无保留，竭尽全力地去做一件事情的时候，结果往往是成功的。在生活中，这样的例子是很多的，有些事情从表面上看是极其困难的，但只要我们全力以赴，不保留，不妥协，不总是想着自己还有退路，那我们最终是可以成功的。

或许，有人会说，不留退路是不明智的选择，有了退路，才能在危险的浪潮中获得更多生存的机会，然而，人们很容易忽视，对于大多数人而言，退路往往是诱惑人、蒙蔽人的因子，只要想到了退路，就会觉得这次不全力以赴还会有下次机会，而在这个时候，成功往往与我们失之交臂。

在很多时候，我们之所以失败了，不是因为路途太艰难，而是我们丧失了继续前进的勇气，也就是说，我们没付出全力。只有不留退路，才更容易找到出路。反之，如果你总是想着退路，就很难获得成功。一个人若是太纵容自己的懒惰和欲望，就很容易迷失方向。

心中有坚韧，以顽强的姿态活着

人生在世，我们总是会遇到这样或那样的打击，轻则失业，重则身体残缺，但无论是多么残酷的打击，都抵不过人心的坚韧。人的心就好像是生长在水泥与墙壁的夹缝中的小草一样，在哪里落户，就在哪里生根；在哪里生根，就在哪里发芽；在哪里发芽，就在哪里生长；在哪里生长，就在哪里茁壮。

虽然，小草看起来弱不禁风，却显示了极其顽强的生命力，因为它的坚韧，它始终以顽强的姿态生活着，不屈不挠，不卑不亢，即使遇到再残酷的打击，它们也会昂首于风雨中，这就是小草和人心的坚韧。

人只要学会了忍耐一切，那这世界上所有的灾难和痛苦都算不了什么，在忍不住的时候再坚持一下，在绝望的时候想一想前方的希望，就这样，在所有残酷的打击之后，我们依然可以顽强地活下来。不仅如此，我们还会带着希望和信心活下来，那内心的希望和信心将铸就我们明日的成功。

孟子说："天将降大任于斯人也，必先苦其心志，劳其筋骨，饿其体肤，空乏其身，行弗乱其所为，所以动心忍性，曾益其所不能。"即使周围的环境太艰难，或者自身所受的折磨太痛苦，但如果你懂得忍耐，保持内心的坚韧，就一定能拥抱成功。反之，如果你一直都这样怀着消极的心态去生活，不仅对成功没有半点促进作用，而且还会阻碍自己前进的脚步。

小女孩在四岁那年就患上了脊椎炎，在石膏床上一躺就是四年。从石膏床上下来之后，她开始靠着拐杖走路。那时候，她并不知道这意味着什么，因为在上学期间，老师和同学们从来没有把她当作残疾人看待，也没有歧视过她。她在各方面都十分努力，不仅学习成绩优秀，而且还担任了少先队大队委员。上初中第一天报道的时候，她被老师扶上讲台，看着台下注视的目光，她感到很自豪。她很善于思考，每次有别的老师来听课，老师总是会叫她起来回答问题，这让同学们羡慕不已。

虽然，她是一个品学兼优的学生，但在考大学的时候，她还是被命运给抛弃了。她的成绩超过录取线很多，却因身体残疾而无法入学，这一次，她才真正感受到自己不是一个“正常人”。后来，无论是找工作还是找对象，都因为自己的残疾而屡屡受挫。直到24岁那年，她才找到了第一份工作，成为了街道上的出纳员。

她早出晚归，勤奋努力地工作，但所获得的报酬却比别人少，这种被歧视的感觉常常涌上自己的心头。后来，她成为了刻板工，只用双手和大脑，每天描图、刻钢板，她开始接触了汉字书法。在很意外的情况下，她独辟蹊径，将心理学和熟悉的汉字书法联系在一起，创造出一套心理学书法的理论。慢慢地，她成为了远近闻名的心理咨询师。

或许，教人练习书法，这是一件很普通的事情；给人做心理咨询，也并不是什么新鲜事情。但对于一位拄着双拐的残疾女孩，却将心理学和传统的汉字书法融为一体，成为了很特别的心理咨询师，从而实现了自己的人生价值。在命运的残酷打击下，她没有低头，而是用内心的坚韧换来了自己的成功，这不能不说是一个传奇。

俗话说“虱子多了不咬人”，所以，困难多了也不压人。遇到困难，唯一的选择就是面对。残酷的打击算得了什么呢？那不过是促使我们更加勇往直前的力量，保持内心的坚韧，忍耐所有来自生活和人生的打击，努力扛起所有的痛苦与灾难，一步一步地走向辉煌的明天。

耐性是成功的秘诀

人们很少会把“坚韧”“执着”这两个词语用在女人身上，似乎女人天生就是柔弱的代表，她们难以执着，也无法坚韧。事实上，人们有这样的想法是源于封建社会的思想，当下的女性代表们，将“坚韧执着”这四个字发挥得淋漓尽致。在各个行业，在各个部门，女性开始崭露头角，在她们身上，所烙印的不再是“弱者”，而是“坚韧”与“执着”，在耐心与耐力的并行下，她们创造出了属于自己的一片天空。

看着那些坚韧执着的女人，我们所感受到的不仅仅是震撼，还有骄傲，还有一份沉甸甸的责任。原来，坚韧执着并不是男儿本性，所谓“巾帼不让须眉”，与时代共舞的女性，她们将展现出更亮丽的风采。

回顾女性成长的历史，我们发现，“坚韧”与“执着”时而会交替出现。在旧社会里，女人要裹足，这将意味着女人的自由发展需要受到限制，而且，在旧社会的道德体系里，所倡导的是“男尊女卑”的思想。在这样的情况下，女人对自身潜能的开发极为有限。然而，表面看似柔弱的女人，内心却执着坚韧：女扮男装、金戈铁马的花木兰；“貂裘换酒也堪豪”的秋瑾。

其实，作为新时代的女性，她们不仅继承了前辈的光荣传统，还将其发扬光大。杨澜用自己的坚韧与执着开创了一道美丽的风景线，中国女足凭着自己的坚韧与执着走向了世界。

杨润丹是美国杨氏设计公司的总裁，同时，她也是一位资深生活设计师。早年，她毕业于纽约大学的室内设计专业，后来在美国密歇根大学获得硕士学位。作为设计行业的领军人物，她已经从事设计工作三十年了，在工作中，她倡导创造高品质的生活，并将不同的潮流设计带入到室内外的设计中。与此同时，她所创造的品牌不断发展壮大，得到了越来越多人的支持与认可。

初识杨润丹，你会发现她是一个优雅恬淡的女子：细柔的言语、恬淡的笑容。但是，随着交谈的深入，你会很快发现她并不是一个柔弱的女子，在她的骨子里有着一份比男人更强的坚韧、执着。在受传统思想影响的社会中，一个女人想要做成事真的很难，她们往往比男人付出更多，却收效甚微。杨润丹说："我并不想做一个女强人，也不喜欢别人这样称呼我。在中国，大部分的女性都很优秀，而我只是找到了自己想要去坚持和努力的信仰，凭着那份坚韧与执着一步步走下去而已。"

早年，移居美国的杨润丹随着父亲第一次踏上中国，后来，由于设计工作便常常往返于中国与美国之间。随着对中国熟悉的加深，心有志向的杨润丹决定在中国成立工程公司。刚开始创业的时候，她白天做设计，晚上去工地检查、指导、学习，回忆那段辛苦的日子，她说："一个女人在中国北京，我们没有任何背景，没有任何关系，一开始赔光了很多钱，无数次地想背包回去不来了，那时我还在生病，可是我想，这么多人跟着你，人家把工作给你，就是相信你，所以，我只能成功，不能后退。"

杨润丹，这就是一个耐心与耐力并行的女子，她心中的那份坚韧与执着，为其成功奠定了扎实的基础。

若是问到成功的秘诀，杨润丹坦言："耐性是杨氏在中国成功的秘诀。"而那些坚韧执着的女子，从来不缺乏耐性与耐力。其实，做人与做事有异曲同工之妙，做成一件事情，必然要经历挫折与困难，在这时若是不够坚韧，缺乏执着的精神，那么，事情肯定不会成功。

在现实生活中，女性所面对的压力很大，比如，在下岗的职工中，女性所占的比例是最高的，还有一些公司的用人要求带着明显的性别歧视。在这样的情况下，女性就愈要彰显新时代女性的风采，拿出内心的坚韧与执着，朝着自己的梦想、目标前进，所谓“江山代有人才出”，在新的机遇、新的挑战中，我们坚信，将会有更多的巾帼英雄脱颖而出。

做人也是一样的道理，保持内心的坚韧与执着，耐心与耐力并行，不断修炼自己的性格，如此，你才会成为新时代的靓丽女性。

第 02 章

有时看似没路，其实是该拐弯了

人在年轻时，总有“头撞南墙”的困惑，前方看似已经没有路了。但其实只要我们拐过墙角，就会“柳暗花明又一村”。执着是一件好事，但过分的固执却会让我们进入死胡同，这时应该拐弯了。

过分固执，会让你陷入死胡同

在很多时候，过分执着并不是一个好品质。它就像是一个魔咒，一点点地禁锢着我们的身心，似乎我们不朝着之前的方向继续下去就对不起良心。执着本身是一种可贵的品质，但凡事都会有一定的限度，“执着”也是一样，适当的执着会体现出我们个人的魅力，同时也可以让问题变得更简单一点。但若是不顾一切地执着则会不自觉地将自己的身心束缚，我们总是放不下，总是不愿意放弃，只是固执地朝着一个方向前进，不管前面是康庄大道，还是死胡同，这样的坚持是无谓的，如果我们最终闯入的不过是死胡同，这样执着的后果也是可悲的。

虽然，对生活执着是一种坚定的信念；对工作执着，是一种精神寄托；对爱情执着，是一种人生的美丽。但若是应该放弃时不放手，就会使自己不堪负重而活得很累，甚至有可能走向另外一种悲惨的结局，同时也让自己身心疲惫。

人的一生就好像花开花落，周而复始，没有什么花是永远不凋谢的，对待上天的安排，我们应该顺其自然，千万不能太过于执着，太较真是一种疼痛，一种心魔，它不断侵蚀我们内心简单的快乐，最后，我们只能满身疲惫地倒下。

生活中，有的人活得像小河里的溪水，虽然平静无波，却

有顽强的生命力和战力，它能够经受暴风骤雨的侵害，也可以坦然面对夏日骄阳的炙烤，它从来不在乎世界会有那么多的变化。一个人活着也是一样，人要有信念，但不能过分执着，不能与生命较真，不妨学会顺其自然，对生命中的意外和阻挠不必过于强求。

王大爷年轻时是村里的干部，后来他被迫离职了，离职的时候，他已经快五十了，在那一瞬间，他觉得生活好像没有了希望，他一直不肯承认自己竟然变成了跟隔壁大婶一样的百姓，他觉得自己还是支部书记。当然，他将这种执着的心态放在心里，他经常会去政府与上级领导说话，说自己的苦闷，说自己的无所事事，说自己的孩子上学没学费，希望领导能给自己解决。领导无奈："你现在已经离职了，不是干部了，这些事情你自己能解决的就自己解决，自己不能解决的，就找你们村里的干部。"王大爷固执地说："我不相信他们，我只相信我自己当干部的能力。"王大爷每次都去政府闹，刚开始大家还看在他是老干部的份上跟他聊聊，但时间长了，大家都清楚了他的脾性，晓得他很执着，就能躲就躲，能避开就避开。

在平时生活中，王大爷总是对自己被迫离职的事情耿耿于怀，十分较真，他在家里动不动就说："如果我现在还是村里的干部，那村里现在肯定不是这样子。"家里人都开始厌烦他的唠叨了，老伴没好气地说：“你在执着什么？你现在已经是平民百姓了，就应该是百姓的样子，有什么放不下的，有什么解不开的心结？简直是自己折磨自己。”其实，王大爷确实陷入了一个怪圈，他越是执着于自己被迫离职的事情，他就是越是痛苦，想想之前的辉煌日子，想想现在平凡的自己，越想越不是滋味，整日无所事事，搞得自己身心疲惫。

王大爷所放不下的是内心的执着，而不是其他，因此他总是觉得过得很痛苦。如果他真的放下了内心过分的执着，以正常的心态回归到一个百姓的身份，他会觉得生活依然充满着阳光。

每个人做事都有自己的理由，放弃固执是对别人的尊重，这是一种明智的选择。大量事实表明，第一次不能成功的事情，以后成功的几率也是很小的，纠缠下去只会惹人厌烦，这样并没有收获，与其把80%的精力耗在20%的希望上，不如用20%的精力去寻找新的目标，说不定还有80%的希望。

有些事情既然已经发生了，毫无回旋的余地了，那我们就要学会接受，而不是太过于执着，过分执着只会让自己更加疲惫，不如放松身心，给自己一个舒适的心灵环境。

人生需要有信念，这样我们的生命才有前进的方向。但是，信念只有与自己合拍的时候，才能更好地发挥出引航员的作用。对此，在人生的路途中，我们要适时修葺自己的信念，

让它与自己合拍，对于某些不切实际的想法，我们不应太较真、太执着，而是学会放弃，适时找到自己合适的人生信念，这样我们的生命才会更加绚丽灿烂。

生活的标准往往是自己定的

有人说："追求幸福的人分两种：一种是追求属于自己的幸福，一种是追求属于别人的幸福。"前者懂得定义属于自己的幸福，而后者只是追逐他人定义的幸福。在生活中，我们何尝不是这样呢？

有时候，我们生活得并不如意，若是问为什么，我们的回答却是："我没有达到某种生活的标准。"我们总是听别人说，有了房子才有安全感，于是就为了别人所定义的"安全感"背上了几十年的债务，节衣缩食，心不甘、情不愿地当起了房奴；我们总是听别人说，在高级餐厅里约会才是最浪漫的，于是我们就将这当成一种美好生活的向往，宁愿吃方便面也要勒紧裤带去潇洒一次；我们总是听别人说，没去过健身房就不够时尚前卫，于是我们就赶紧去健身房报名，学那些自己并不感兴趣的课程，只是为了达到别人所定义的"幸福生活"。

但那些生活真的属于自己吗？为什么即便我们达到了这样

的生活标准还是不快乐呢？究其原因，在于我们与自己较真，总是一味地追求那些不属于自己的生活，就好像我们穿着不合尺寸的衣服，不是嫌太大，就是嫌太难看。

我们的生活是自己过，而不是给人看，别人生活的标准并不可能就真的适合自己。因为生活的幸福和快乐是属于自己内心的一种感觉，如果只是迎合别人的取向，这样难免会苦了自己。

那些苦苦追求不属于自己生活的人，他们与自己的心灵对峙着，换而言之，他们总是与自己较真，越是不属于自己的，越是需要去尝试，在羡慕嫉妒的过程中，他们浑然忘记了自己原本美好的生活，而是将别人的生活当成是自己生活的标准。

卞之琳说：“你在桥上看风景，看风景的人在楼上看你。”其深层含义在于，虽然我们每个人都把别人当作风景，其实，在别人眼中，自己何尝不是一道美丽的风景呢？所以，不要跟自己较真，而是学会对自己的生活释怀，因为属于自己的生活才是幸福快乐的生活。

在《伊索寓言》里记载了这样一个小故事：

一只来自城里的老鼠和一只来自乡下的老鼠是好朋友，有一天，乡下老鼠写信给城里的老鼠说：“希望您能在丰收的季节到我的家里做客。”城里的老鼠接到信之后，高兴极了，便在约定的日子动身前往乡下。到了那里之后，乡下老鼠很热情，拿出了很多大麦和小麦，请城里的好朋友享用。看到这些平常的东西，城里的老鼠不以为然："你这样的生活太乏味了！还是到我家里去玩吧，我会拿很多美味佳肴好好招待你的。"听到这样的邀请，乡下老鼠动心了，就跟着城里老鼠进城去了。

到了城里，乡下老鼠大开了眼界，城里有好多豪华整洁、冬暖夏凉的房子，看到这样的生活，它非常羡慕，想到自己在乡下从早到晚，都在农田上奔跑，看到的除了泥土还是泥土，冬天还要在寒冷的雪地上搜集粮食，夏天更是热得难受，这样的生活跟城里老鼠比起来，自己真是太不幸了。

可是，到了家里，它们就爬到餐桌上享用各种美味可口的食物。突然，咣的一声，门开了。两只老鼠吓了一跳，飞也似的躲进墙角的洞里，连大气也不敢出。乡下老鼠看到这样的势头，想了一会儿，对城里老鼠说："老兄，你每天活得这样辛苦简直太可怜了，我想还是乡下平静的生活比较好。"说罢，乡下老鼠就离开城市回乡下去了。

显而易见，这个故事的寓意在于：适合自己的生活方式并不一定适合别人，同样，适合别人的生活方式也不一定适合自己。因此，如果自己当下生活得还不错，那就过好属于自己的生活，而没有必要去追求别人定义的生活，我们应该明白，别人的快乐和幸福并不适用于自己。

我们总是向往着这样的生活：条件优秀的另一半、可爱的孩子、宽敞的房子、豪华的轿车、稳定的工作。在我们看来，似乎这样的生活才是最幸福快乐的，但这样的生活适合自己吗？较真，有时候就是自己的外在与内心互相对峙，明明这是心里不喜欢的，但却为了迎合别人的眼光，而刻意将自己的生活变得乱七八糟。所以，放下对别人生命羡慕嫉妒的眼光，放下内心的固执与较真，学会享受自己生活所带来的快乐与宁静。

稚拙的文字仔细品味却是大道理，生活也是因人而异的，我的生活在你眼里并不一定是好的，你的生活我也不一定认同。很多时候我们并不快乐，那是因为我们总是与自己较真，没有按照自己喜欢的方式去生活，而是在不经意间迎合别人的要求，刻意改变自己的生活，违背内心真实的想法，所以我们才会变得不快乐。所以，放下那些所谓的“标准意义的生活”，按照自己真实的想法去追求生活，我们应该记住，真正让自己快乐的是自己的内心而非别人的眼光。

有些坚持可以适可而止

柏拉图曾说：“有些人的遗憾莫过于坚持了不该坚持的，而放弃了自己不该放弃的。”坚持，是一个鼓动人心的词儿，

每每在我们不能继续的时候，头脑中就会冒出“坚持”这两个字眼。但是，我们可曾想过，所有的坚持都有用吗？

实际上，我们并不明白，有些坚持是无谓的，甚至，理智的放弃比无谓的坚持更明智。生活中，有的人在坚持着，一直在坚持着，但他能坚持到什么时候，坚持为了什么，却不得而知。当我们的坚持已经达到一定限度的时候，事情的结果却不遂人愿，这时候我们就应该反思了：这样的坚持有用吗？是否是无谓的？如果坚持下去没有结果，那不妨选择放弃，另寻捷径，这样方能到达目的。

马嘉鱼很漂亮，拥有银色的皮肤、燕尾和大眼睛，平时生活在深海中，春夏之交溯流产卵，随着海潮游到浅海。渔人捕捉马嘉鱼的方法挺简单：用一个孔目粗疏的竹帘，下端系上铁浮，放入水中，由两只小艇拖着，拦截鱼群。

马嘉鱼的“个性”很强，不爱转弯，即使闯入罗网之中也不会停止，所以一只只“前赴后继”陷入竹帘孔中。孔收缩得越紧，马嘉鱼就越被激怒，瞪起眼睛，更加拼命往前冲，结果被牢牢卡死，为渔人所获。

在生活这张大网中，我们何尝不是那一只只马嘉鱼呢？我们一方面在抱怨人生路越走越窄，看不到未来的希望，但另外一方面我们总是坚持一些无谓的东西，习惯在老路上继续走下去，结果，我们有了跟马嘉鱼一样的命运。

凡事都坚持的人其实是钻牛角尖的人，他们对生活太过于较真，太固执，总是一条路走到黑，结果却是毫无所获。对此，在生活中，我们要明白，有些坚持是无谓的，这样的坚持可以适可而止，不需要太过于执着。

2004年雅典奥运会，刘翔以12秒91的成绩夺冠，成为亚洲第一位田径直道项目奥运冠军。2007年国际田联大奖赛洛桑站，刘翔以12秒88的成绩打破世界纪录。大家都把目光关注在这个“飞人”身上，把所有的希冀都投向了2008年的北京奥运会。

然而，在2008年8月18日，北京奥运会男子110米栏预赛，“飞人”刘翔在出场之后突然宣布退出比赛。作为卫冕冠军、中国田径最大夺金点，刘翔退赛令人唏嘘，人们看着那个一瘸一拐走出田径场的背影。那一天，是2008年8月18日。在很多人看来，这个“黑色8.18”突如其来，因为一直以来人们看好刘翔卫冕成功。就在比赛前几天，还有关于他训练中跑出12秒80的传闻。

事实上，刘翔退赛并不突然，甚至有一些先兆。从年初冬训，刘翔腿部肌肉就出现不适。经过一系列调整后，他参加了两站室外比赛，都拿到冠军，但是成绩并不理想，最好一次仅跑出13秒18。然而这两站比赛进一步加剧了刘翔腿部的不适，之后飞人放弃了美国的两站比赛。对于跨栏运动员来讲，臀大肌和起跨腿的脚踝是最容易受伤的地方，刘翔则因为踝伤上演了退赛一幕。应该说，这是刘翔近几年来成绩最糟糕的一年。不过，刘翔本人对于退赛看得很开，他说："每个人都会碰到挫折，只是我之前的道路都一直比较顺利，没有碰到过，所以大家觉得比较严重。我觉得我很快就走了出来，人生总有起伏，不可能一帆风顺。"

虽然在万众瞩目的情况下宣布退赛，难免会令人失望，甚至有的人还发出了唏嘘之声。但是，如果当时的刘翔选择了继续坚持，那只会给自己的身体造成更大的伤害，或许我们就再也见不到"飞人"的光彩了。

可见，他及时地退让是为了积蓄力量，修养身体，为下一次的比赛做好准备，这样一来，我们就能理解他当时的举动了。正如刘翔所说"人生总有起伏，不可能一帆风顺"，正是这个坚强的小伙子，懂得不做无谓的坚持。

我们为什么说有些坚持是无谓的，那是因为继续坚持下去也不会有任何希望，只是浪费我们更多的时间和精力而已。对于这样的坚持，我们就可以说是无谓的，面对这样的情况，当然是理智的放弃才是最明智的选择。

不知道你有没有注意到我们脚下的马路，你是否观察到没有一条路的方向是既定不变的，在遇到高耸的山脉的时候，它也总是绕道而行，这样既节省了人力，而且也方便了人们；在不同的马路之间，总会有交叉的时候，那意味着你可以换一个方向。其实，生活也一样，也需要我们适时改变方向，这样我们才能找到生命最灿烂的美丽，才能展现出自我的价值。

孤注一掷，事情往往难以回旋

从小，我们就知道这样一个道理：只有不断地前进才能获得成功。其实，生活本来就是起伏不定的，如果你一直向前走，不愿意留给自己一个回旋的空间，那很有可能会钻进一条死胡同，前方已经没有路，这样的情况是自然是难以成功的。

不过，大多数人并不懂得这个道理，他们只会一个劲儿地向前冲，有一股头撞南墙也不回头的势头，我们虽然欣赏这样的决心，但并不赞赏这样的行为，如果在前进的路途中，我们没能给自己留下一个回旋的空间，这就是犯了孤注一掷的错误，结局往往是悲惨的。

人们总是觉得在前进时若是选择退却，那就意味着放弃，意味着软弱，意味着失败，实际上这样的理解是错误的，那些懂得适时回旋的人才能铸就人生的波澜起伏，才能绽放人生本来无尽的绚丽多彩。坚持是我们所需要的力量，但适时退却，为自己寻找一个回旋的空间也是人生中不可或缺的大智慧。

克里斯朵夫·李维以主演《超人》而蜚声国际影坛，但就在1995年5月，在一场激烈的马术比赛中，他意外坠马，成了一个高位截瘫者。当他从昏迷中苏醒过来时对大家说的第一句话就是：让我早日解脱吧。出院后，为了让他散散心，舒缓肉体和精神的伤痛，家人推着轮椅上的他外出旅行。

有一次，汽车正穿行在蜿蜒曲折的盘山公路上，克里斯朵夫·李维静静地望着窗外，他发现，每当车子即将行驶到无路的关头时，路边都会出现一块交通指示牌："前方转弯！"而转弯之后，前方照例又是柳暗花明，豁然开朗。山路弯弯，峰回路转，"前方转弯"几个大字一次次冲击着他的眼球，他恍然大悟：原来，不是路已到尽头，而是该转弯了。他冲着妻子大喊："我要回去，我还有路要走。"

从此，他以轮椅代步，当起了导演。他首次执导的影片就荣获了金球奖。他还用牙咬着笔，开始了艰难的写作。他的第一部书《依然是我》一问世，就进入了畅销书排行榜。同时，他创立了一所瘫痪病人教育资源中心，他还四处奔走为残疾人的福利事业筹募善款。

美国《时代周刊》曾以《十年来，他依然是超人》为题报道了克里斯朵夫·李维的事迹。在文章中，李维回顾他的心路历程时说：原来，不幸降临时，并不是路已到尽头，而是在提醒你该转弯了。

如果克里斯朵夫·李维以“让我早日解脱”的信念生活，那估计他的余生会在抑郁中了结，这个世界上又缺少了一个好演员。当然，这只是如果，就好像克里斯朵夫·李维自己所说：“原来，当不幸降临时，并不是路已到尽头，而是在提醒你该转弯了。”当前面已经是死胡同了，为什么不选择退一步，给自己找一个修葺的地方呢？当自己重新燃起了信念之火，那我们又可以重新开辟一条新的道路出来。

康多莉扎·赖斯，出生于1954年11月14日。小时候素有“神童”之誉的她，从小就跟着当小学音乐教师的母亲弹钢琴，4岁时就开了第一个独奏音乐会。不但学习成绩极其出色，跳了两次级，而且还把网球和花样滑冰玩得特别出色。16岁时，进入丹佛大学音乐学院学习钢琴，她梦想成为职业钢琴家。她在音乐方面独具的天赋和他人难以企及的家学，似乎没有人能够轻易地否认，大家都相信过不了几年她就会成为乐坛翘楚。

可是，出人意料地是她打起了“退堂鼓”，开始了崭新梦想的破冰之旅。原来在著名的阿斯本音乐节上，她受到了打击。“我碰到了一些11岁的孩子们，他们只看一眼就能演奏那些我要练一年才能弹好的曲子，”她说，“我想我不可能有在卡内基大厅演奏的那一天了。”于是，她开始重新设计自己的未来并发现了新的目标——国际政治。“这一课程拨动了我的心弦，”她说，“这就像恋爱一样……我无法解释，但它的确吸引着我。”她从此转而学习政治学和俄语，并找到了她一生追求的事业。

赖斯并没有追随儿时的梦想成为一名钢琴家，而是在大家都看好的情况下选择了“退却”，并开始了崭新梦想的破冰之旅。她发现了自己再坚持下去，难以取得超越别人的成就，所以，她果断地选择了放弃，不再固执。在一阵休憩之后，她重新设计了自己的未来，果然，她似乎更适合混迹于政坛。如果不是当初她决然地舍弃，那么就不会出现这样出色的政治家了。

当发现前方已经是一条死胡同，我们就要学会转弯。转弯并不是逃避，当你这件事情失败了，那可以改做别的，这并不是说这个人没有毅力。

正所谓“天生我材必有用”“东方不亮西方亮”。闯入死胡同并不可怕，可怕的是你一直跟自己较真，这样就会因循守旧地继续失败。转弯是为了寻找更好的道路以便前行，并不是逃避。

有的人太固执，太较真，他们是不见棺材不掉泪，不撞南墙不回头。在人生旅途中，这样的人总会多走一些弯路，最后也难以获得成功。为什么一定要看到悲惨的结局才放弃呢？

在生活中，不要太较真，理智地放弃才是最聪明的做法，当我们发现前方已经无路可走，就要学会退却，选择另外一条路，不要等自己撞得头破血流才放弃，这是相当愚蠢的。

喜欢较真的人总是痛苦的

在生活中，我们经常会遇到一些喜欢钻牛角尖的人，俗语就是“喜欢抬杠”的人。在他们身上有一个特点，就是不论在什么场合，对什么人，都喜欢表现得与众不同，好像专门跟人作对似的，别人说东他偏说西，别人说南他偏说北，似乎他总是喜欢跟别人对着干。从外在表现看，这样的人喜欢跟别人较真，其实，我们都忽视了，他们较真的对象是他自己。

有朋友坦言：“我觉得自己心理似乎有一些问题，对于别人说的一些话，我总是喜欢抬杠，其实我心里也知道应该是这样的，但就是不由自主地想要反驳，甚至在这样的心理下作出一些愚蠢的行为来，到最后，我自己都觉得可笑。我就好像陷入了一个沼泽地，越是较真，身子越是往下深陷，越是挣扎，越是痛苦，我也不知道自己究竟是怎么了。”其实，有这样特点的人就是明显的钻牛角尖的人，他们总是想表现得与众不同，因此屡屡与自己较真，但最终痛苦的也是他自己。

尽管，这些喜欢钻牛角尖的人都比较聪明，反应也比较快，而且还掌握了一定的知识，否则他不能那么及时地反驳别人，也一下子说不出那么多的事例来。但这样的人并没有多么高深的学问，他所掌握的一些东西都是为了满足自己的一种特殊心理需求。

老李是一个爱钻牛角尖的人，别人说东他偏要说西，比如，别人说抽烟喝酒多了不好，对身体有害，他就会说："某某只喝酒不抽烟，只活了70多；某某某只抽烟不喝酒，活了80多；某某某又抽烟又喝酒，活了90多，有的人还吃喝嫖赌样样通，结果活了100多。"别人说做人要讲道德，要有良心，他就会反驳说："良心多少钱一斤？杀人放火有马骑，烧香磕头受人欺。"如果别人说谨慎做人，小心做事，他就会说："撑死胆大的，饿死胆小的，即便撑死，也不能做个饿死鬼。"别人要说尊老爱幼，他就会说："那些丧尽天良的父母应该尊重吗？"不管别人说什么，他都会找出一些例子来反驳。别人明明说的是普通现象，他就会找出一些个别的事实来对付你，别人如果说已经成为事实的例子，他就会找出一些可能发生的事情对付你。

老李的钻牛角尖不仅仅表现在说话上，还表现在做事上。最近，老李打算自己创业，他去银行取了家里的所有积蓄，打算南下贩货回家乡小镇上卖。在临行之前，老朋友老张过来拜访，见到老朋友，老李饶有兴致地说了自己的计划，朋友老张有些担心地问："你就这样冒冒失失地去吗？我觉得你应该事先做好市场调查，看哪些货在老家比较受欢迎，然后再看南方那边的货是怎么批发的，以便能拿到最低的批发价格，这样才能确保万无一失。"老李固执又上来了："谁说一定要这样做，兴许这次上天一定会让我赢呢？你就在家里等着我发财回来吧。"老李说走就走，也不顾家人朋友的阻拦，结果是可以想象的，他惨败而归。这次他意识到了自己爱钻牛角尖的脾气，但总是改不掉，自己就好像陷入泥沼中一样。

无论是说话还是做事，老李有一股子的牛脾气，喜欢钻牛角尖，别人说的话，他偏要反驳；别人的建议，他偏不听；别人说的措施，他偏偏不去做。虽然，在很多时候，他们自己也清楚，什么样的才是正确的，但他们就是不肯放下内心的较真劲儿，别人越是反对的事情，他越是要去干，直到失败了才知道回头。

不管别人说什么，做什么，他都会找出一些事例来反驳，似乎，他不证明自己是对的就不会罢休，不把别人说得无话可说就觉得不舒服，不占上风就觉得不痛快，不把别人噎得上不来气就不高兴。当然，不管是说话做事，他们都是典型的喜欢较真的人，但其实他们自己也知道这样的习惯不好，常常会让自己成为大家讨厌的对象，但每到特殊情境的时候，他却总是

身不由己。

在生活中，我们大多数人都会犯“钻牛角尖”的错误，当然，程度上还是会有差异的。当我们在听到别人说什么，做什么的时候，为了表现自己，我们总是会违背内心的声音，去做一些反对别人的事情。可难道这样我们心里就会得到满足吗？我们所面对的是别人不理解的眼光，以及内心的痛苦。因此，放下内心的固执，学会听从内心的声音。

喜欢钻牛角尖的人是比较自我的，他们总是觉得自己的想法才是对的，而别人的想法却有那么一点点不完美。有时候，即便别人所说的方法是可行的，他也会从中挑出一些毛病出来。对此，在生活中，我们要学会听听别人的意见，以虚心的态度接纳别人的意见，这样我们才不被自己内心的固执所累。

活得跳脱，延伸人生的宽度

一个人抓了一对跳蚤，放在一个木头箱里。最开始的时候，跳蚤不断地往上跳，但多次撞到盖子之后，跳蚤再也不敢往上跳了，它们只好在箱子中间跳。因为它们认为，往上跳就会碰到头。后来，这个人把箱子的盖子拿开之后，跳蚤虽然可以轻而易举地跳出来，但它们依然在箱子中间跳，始终跳不出来。

生活中，多少人跟这些跳蚤一样，总是生活在这样的框框之中。有的人活在“年龄”这个框框中：“我太年轻了，没有经验，不能成功”“我太老了，已经没有力量去拼搏了”。其实，这些人之所以得到了一个毫无生气的人生，原因在于他们没能跳出固定的框框。

还有的人活在能力的框框中，他们总是对自己说：“我没有这个能力，没有那个能力，所以我不能做到。”有的人活在性别的框框中，总是对自己说：“我是女人，不像男人可以做事业，所以我做不到。”有的人活在过去的经验中，总对自己说：“因为我没经验，我以前失败过。”如果我们对自己的人生某些地方不满意，那一定是有某些框框限制了自己的行动，你只有跳出框框，不再较真，才能延伸人生的宽度。

王国维在《人间词话》里说：“诗人对于宇宙，须入乎其内，又须出乎其外。入乎其内，故能写之。出乎其外，故能观之。入乎其内，故有生气。出乎其外，故有高致。”这几句简单的话给予了我们最好的启示：不管是做人还是做事，都需要懂得创新，不能太死板，也不能拘泥于某个地方，而是跳出这个框框，让人生变得更有延展度。

在现实生活中，当我们在处理一些问题的时候，绝大多数人都习惯性地按照常规思维去思考，总是因循守旧，由于不懂得变通，太死板，所以最终不得不走向了失败，而如果我们能大胆跳出这个框框，那么就会发现在“山重水复疑无路”之

后，你就会迎来“柳暗花明又一村”的境况。

王先生在20岁左右的时候，他梦想着自己成为一个培训师，但想到自己才20岁，怎么可能成功呢？因为至少要40岁以上才有人听自己演讲，由于这样一直给自己设定框框，他就一直没有成为一个培训师。等到自己到了40岁的时候，才发现时间是不等人的。这时王先生决定跳出“年龄”这个框框，大胆突破，以个人的经历进行职业生涯规划的培训并巡回演讲，开发出自己的潜能，改变了人生。

有一次，王先生在一个单位进行一个商务礼仪方面的培训，一位姓刘的学员听他讲课，他问王先生：“老师，我的梦想也是当培训师，但是我做不到。”王先生问道：“为什么？”那位学员回答说：“因为我刚20岁，你们这些培训师都40岁了，有经验，经历丰富，我是不是年纪太小了。”当时王先生听了很惊讶，但他还是教导说：“其实是你把自己设在框框当中，跳不出框框，也就达不到自己所想要的结果。你年轻，充满活力与朝气，这就是优势，世界第一名演说家安东尼罗宾23岁就成功了。”后来，经过王先生对那位学员的指导，他不但跳出来年龄的框框，而且很快开始行动，现在已经是一位管理顾问公司的负责人了。当然，听到这样的消息，王先生对那位学员跳出框框之后的成长感到很欣慰。

每一个平凡人的成功，都是源于他们能够勇于突破框框，向原本认为自己不能做的事情挑战，这样才有了登峰造极的机会。其实，每一个人在生命的旅程当中都有一些框框，那些框框就好像一条绳子，紧紧地禁锢着我们自由的心灵。因为固执，较真，我们总不愿意相信自己是可以跳出框框的，所以才造就了失败的命运。

框框，它会扼杀创造性思维、解决方案和创造力，它是外部环境强加给我们的。一位禅宗老师说："跳出框框的指南就写在框框之外。"有时候，束缚我们的框框是我们自己创造的，在这个世界上，也只有我们自己才有力量挣脱束缚，给心灵一个自由的空间。

那些不敢跳出框框，在框框里徘徊的人，其实大多都是比较自卑的人，他们不愿意相信自己有能力去做成一些事情，在内心深处，他们是自卑的，因此，他们只能在框框里忍受被禁锢的痛苦，却没勇气跳出框框。当然，跳出框框的勇气来源于自信，只有你充分地相信自己，才有力量和决心来跳出框框，否则，我们只会终生徘徊在框框里。

第03章

最曲折的路有时最简捷

当我们站在人生的十字路口，有两个岔路口，一条是宽阔大道，一条是崎岖小路，我们会作何选择呢？或许，就眼前的情况来说，有的人会选择宽阔大道，毕竟路平坦些，但可能我们忽略了，那最曲折的路才是最近的路，虽然艰难一些。

只要拼搏过，就无怨无悔

一个人从呱呱坠地开始，就面临很多的不公平，有可能是出生背景不同、家庭关系不同、受教育程度不同，这些对我们而言都是一种不公平。面对这样的情况，如果我们处处较真，抱怨上天对我们的不公平，那只会让自己陷入一个痛苦的怪圈。

最让我们感到心里不平衡的，是从前跟我们在一个水平线上的人，今天突然之间变得不一样了，一起工作的他却升职加薪了，一起做生意他却发财了。别人做事情总是处处顺利，而自己则是处处碰壁。

每天我们为了生存，不得不努力地挣扎着，以争取属于自己的那片天地。但在很多时候，我们努力了，却没有得到期望的结果。这时不要较真，不要哭泣，也不要怨天尤人，我们需要平静地面对这个世界，因为在这个世界没有绝对的公平，我们只求心灵平衡。

一个人活着，他就注定了有机遇、有坎坷、有欢乐、有痛苦，即便我们付出了所有的精力和心血，都不一定换来公平的待遇。在生活中，有的东西既然别人得到了，我们就不要再去争，这样只会徒劳无益；假如自己得到了，那就好好珍惜，别人也不会轻易就能剥夺你的所有。

在这个世界上，从来都是一份耕耘，一份收获，有所失才会有所获得，只有有了对生活、对工作的付出，才有可能得到期望的回报。在生活中，有的人比较幸运，他可以利用身边可以利用的一切资源，很快地过上了令人羡慕的生活，而像自己这样一无所有的人，需要认清生活中存在的不公平，把自己的劣势变成自己努力奋斗的动力，发挥自己的长处，寻找机会，坚持自己想干的事情，这样才可以扭转我们所认为的不公平。

有这样两个渔人，一起出去捕鱼。

他们来到河边，两人捕了很多的鱼。在分鱼的时候，两人发生了争执，都说自己分少了，对方分多了。没有办法，他们决定在河边挖一个水坑，暂时把鱼放在里面，回家去拿秤来重新分配。可是等他们回来的时候，水坑里的鱼却早已经从里面跳出来，游进了河里。他们感到十分懊恼，互相埋怨对方。

在这时，他们听见了野鸭的叫声，决定去捕野鸭。正当他们接近野鸭准备射击的时候，其中一个人说："先别忙，咱们先说好野鸭怎么分配，免得又让野鸭跑了。"于是，两人为分配的事情又争吵了起来，他们争吵的声音惊动了野鸭，野鸭马上就飞走了，可两人仍在那里争吵不休。

在生活中，我们经常也会遇到这样的事情，本来彼此之间合作得很好。但双方都在计较公平分配，结果，已经到手的利益成为了竹篮打水一场空，谁也没拿到好处。经常会有这样一些人，当事情还没办成的时候，就为了计较彼此之间的公平而在分配上争吵，而争吵的结果就是所办的事情不了了之。其实，在许多小事情上，绝不能拘泥绝对的公平，因为绝对的公平是不存在的。重要的是，我们要善于从长远利益出发，所谓小不忍则乱大谋，切忌处处较真，斤斤计较。

虽然，社会提倡伸张正义、主持公道。而那些政治家们在每一篇竞选演讲中也会慷慨陈词："让每一个人都得到平等与公平的待遇。"但是，日复一日、年复一年，一个世纪过去了，我们也无法真正地消除世界上那些不公平的现象。

实际上，从人类有史以来，这些现象就从来没有消失过，贫困、战争、瘟疫、犯罪、卖淫、吸毒和谋杀等各种社会弊病一代代延续着，某些地区还会愈演愈烈。我们应该明白，这些不公平现象的存在是必然的，当我们无法改变这一切的时候，我们可以努力改变自己，不让自己陷入一种惰性，并用自己的智慧去努力争取。

在生活与工作中，经常可以听到有人这样发泄："这简直太不公平了！"这是一种经常可以听见的抱怨，当我们感到某件事不公平的时候，必然会把自己同另外一个人或另外一群人进行比较，我们会想：他比我得到的多，这就很不公平。如果你越是这样较真，那你就越是觉得自己是最不公平的。

凡事只要我们无悔地付出，至于结果怎么样，不要太在意，我们只求自己心灵的平衡。付出过，努力过，拼搏过，那就无怨无悔。对于生活中的许多事情，不要太去计较不公平的待遇，而只求得内心的安慰就可以了，这样我们才无愧于心。

所谓的好运都是自己创造的

在生活中，所谓的强者是什么？真正的强者不是凭借着各种资源努力向上爬的人，而是缔造自己辉煌命运的人，他们虽然遭遇了生活的不公平待遇，但依然可以冲破重重阻碍，最终采摘成功的果实。

从我们来到这个世界上，上天就给予了不同的礼物给我们，有的人太幸运，他得到的是一个完美无缺的洋娃娃，而有的人则运气不怎么好，他所得到的是一个修补过的洋娃娃。对于前者而言，他前面走的路会相对平坦一些，而对于后者，他的每一步都需要付出很多才能达到自己的目标。对此，不管我们是属于前者，还是后者，只要我们相信自己，即便自己所拥有的只不过是一个修补过的洋娃娃，也一样能缔造出命运的辉煌。

杰克·韦尔奇出生在一个典型的美国中产阶级家庭，父亲在铁路公司工作，每天早出晚归，因而，培养孩子的任务就落在了母亲的身上。与其他母亲不太一样，她对韦尔奇的关心更注重在提升他的能力和意志上。母亲是一位十分权威的人，她总是让韦尔奇觉得自己什么都能干，教会韦尔奇独立学习。每当韦尔奇的行为有所不妥，母亲总是以正面而有建设性的意见唤醒他，促使韦尔奇重新振作，母亲虽然话不是很多，但总令韦尔奇心服口服。

母亲一直保持着这样的理念：坦率的沟通、面对现实、主宰自己的命运。她将这3门功课教给了韦尔奇，使得韦尔奇终生受益。母亲告诉韦尔奇："要掌握自己的命运就必须树立相信自己能缔造出命运的辉煌的信念。"韦尔奇到了成年以后还是略带口吃，但是母亲安慰韦尔奇："这算不了什么缺陷，只不过思维比开口快了一些。"正是母亲给予的这份自信，让口吃不再成为阻碍韦尔奇发展的绊脚石，而且成为了韦尔奇骄傲的标志。美国全国广播公司新闻部总裁迈克尔对韦尔奇十分钦佩，甚至开玩笑说："他真有力量，真有效率，我恨不得自己也口吃。"

韦尔奇的中学成绩应该可以进美国最好的大学，但是，由于种种原因，他最后只进了麻州大学。刚开始，韦尔奇感到十分沮丧，但进入大学以后，他的沮丧变成了幸运。他后来回忆这段经历，这样说道："如果当时我选择了麻省理工大学，那我就会被昔日的伙伴们打压，永远没有出头的一天，然而，这所较小的州立大学，让我获得了许多自信，我非常相信一个人所经历的一切，都会是成功的基石，包括母亲的支持，运动，上学，取得学位，虽然我天生口吃，但我相信我一样可以缔造出自己辉煌的命运。”韦尔奇的大学班主任威廉这样评价他：“他总是表现得很自信，他痛恨失败，即使在足球比赛中也一样。”1981年，韦尔奇成为了历史上最年轻的CEO，他是通用电气公司董事长。而自信成为了通用电气的核心价值观之一，韦尔奇这样说：“我相信命运的辉煌可以靠自己来创造。”

戴高乐将军曾说：“眼睛所看到的地方，就是你会到达的地方，惟有伟大的人才能成就伟大的事，他们之所以伟大，就是因为他们决心要做出伟大的事。”生活中，像韦尔奇一样有口吃毛病的人很多，但像他一样成功的人却很少，为什么呢？因为大多数的口吃者都在为上天的不公平而抱怨，他们浑然忘记了，即便自己是一位口吃者，但命运的辉煌完全是可以靠自己创造的，除了口吃，自己与其他人并无区别。

或许，在命运的一开始，上天发给我们的并不是一手好牌。但是，如果我们能保持良好的心态，相信自己即便只拥有一手烂牌，也可以玩得漂亮，这在牌桌上叫牌品，在生活中叫做信念。与其花时间去计较上天给予的不公平待遇，不如花心思玩好自己手中的一副烂牌。

我们的命运都掌握在自己手中，如果我们想让命运绽放出如烟花般灿烂的辉煌，那完全在于我们自己的努力，而不在于上天的恩赐。假如我们较真，那就较真自己是否努力过，是否拼搏过，只有真正地努力、拼搏之后，我们才能缔造出自己命运的辉煌。

习惯性想那些快乐的事情

心理暗示在日常生活中随时随地都可以发现，它是用含蓄、间接的方式对人的心理状态产生影响的过程。一般而言，暗示又分为他人暗示和自我暗示，当遭遇不公平待遇时的积极心理暗示是一种自我暗示，即自己把某种观念暗示给自己，并使它实现为动作或行为。

自我暗示的作用是巨大的，不仅能影响自己的心理与行为，还能影响到我们的生理机能。另外，只有积极的心理暗示能起到增进和改善的作用，反之，消极的暗示会扰乱我们的心理、行为以及人体的生理机能。当你习惯地想那些快乐的事情，你的神经系统就会习惯地令自己处在一个快乐的状态，这时你会发现幸福是触手可及的。

假如把全球人口维持人类的各种比例压缩成只有100人的部落，可以看到这个部落的人员构成为：57个亚洲人、21个欧洲

人、14个美洲人、8个非洲人；52个男人、48个女人；30个白种人、70个非白种人；30个基督徒、70个非基督徒；89个异性恋者、11个同性恋者；6个人将拥有全部财富的59%；80个人的居家生活不甚理想，70个文盲，50个人营养不良，1个人即将死亡，1个人即将生产，1个人拥有大专学历，1个人拥有电脑。

因此，最终得出这样的结论：如果您今天早上醒来时还算健康，恭喜您，因为有一百万人将活不过一星期；如果您不曾经历过战争的危险、被监禁的寂寞、被凌虐的痛苦、或是饥寒交迫，恭喜您，您比五亿人还好命；如果您可以参加宗教活动而不必担心被骚扰、逮捕、凌虐或死亡，恭喜你，您比三十亿人还自由；如果您的冰箱里还有食物、有衣服穿、还有地方住，恭喜您，您比全世界75%的人还富有；如果您在银行里有存款，钱包里有钞票、还有一些零钱，恭喜您，您是全世界前8%的有钱人；如果您的双亲都还健在而且没有离婚，恭喜您，您算是幸运儿；您可以读这篇文章，那是双重幸运：有人想到您这个朋友，而有二十亿人根本不识字！

这个经典的故事就是一种积极的心理暗示，如果你能感恩于生活，那你会发现幸福其实很简单，它近得触手可及。在这个物欲横流的时代，你拥有多少金钱并不能说明你有多幸福，你拥有多高的社会地位与权势并不能证明你比他人更幸福。每天，只要我们能给予自己这样的心理暗示，那就意味着自己是幸福的。

积极心理学家马尔兹说：“我们的神经系统是很‘蠢’的，你用肉眼看到一件喜悦的事，它就会做出喜悦的反应；看到忧愁的事，它就会做出忧愁的反应。”于是，积极的暗示产生积极的心态，消极的暗示产生消极的心态，对我们自己来说，尽量避免运用消极的暗示。

在辅导班里，有一位60岁的教授，他谈吐幽默风趣，专业知识精深。但是，给学生印象最深的却是他每一次进教室都精神饱满，面带笑容，而且，每次都会带上一束花放在教室的花瓶里，虽然，每一次带来的花都不一样，但都一样鲜艳美丽。学生不禁产生这样的疑问：教授为什么总是感到如此幸福，难道生活就没有什么不顺心的事情吗？

课程结束之后，一位学生向教授表示了自己的感激之情，同时，提出了一直存在心中的疑问。头发花白的教授笑了笑，说：“其实，我只是不断地暗示自己：一切都会好起来的。前些天，老伴在一次车祸中走了，孩子又在外地工作，我一个人在家里很孤单，本来我已经退休了，但我还想继续执教，教师这份职业让我感到快乐。在工作之余，我最喜欢养花，在我家的院子里一年四季都有花香，我把这些花送给了朋友、邻居以及喜欢这些花的陌生人。我每次带来的花都是自己种的，能给别人带去快乐，我自己也感到很幸福。”闻着那些花香，学生感到幸福正抚摸着自己的脸颊。

在生活中，我们常常会感到悲伤、烦闷，总是认为幸福是一种奢侈品，难以把握。其实，只要我们学会了积极的心理暗示，那幸福是触手可及的。

习惯于幸福的人会在每天对自己说：“今天的天气真好，一切都会顺利的。”而不幸的人会说：“今天一切又不会顺利。”有时候，幸福对于我们来说只是一种选择，谁也不能决定你的幸福，只有你自己。

幸福隐藏在琐碎的事情之中，就如同点点粉末洒在日常事物之中，当我们的眼光太过于高远，就看不见那些随处飞扬的幸福粉末。所以，别计较太多，如果我们每天都在细数着自己身边的幸福，那么，幸福的指数就会一直上升，最终成为一种习惯，伴随我们左右。

幸福就是真实而又快乐地生活

为什么生活越来越富裕，收入越来越高，人们却感觉不到幸福呢？幸福课教授本·沙哈尔对此提出了自己的看法：因为人们常常被“幸福的假象”所蒙蔽。本·沙哈尔说：“我们所处的社会环境和文化背景是这样的：假如孩子成绩全优，家长就会给奖励；如果员工工作出色，老板就会发奖金。人们习惯性地去关注下一个目标，而常常忽略了眼前的事情，最后，导致终生的盲目追求。”其实，我们生活的过程就是一个营造幸福的过程。有时候，我们只看到生活的某个角度，自然会觉得自己是不幸福的，这时我们忽略了生活带给我们的多面性。当我们可以全面地看待生活的时候，我们才能铸就幸福。幸福就是真实、快乐地生活着。

A先生今年40岁，拥有一家公司，家里有位美丽贤惠的妻子和一双可爱的儿女。身边的一些朋友都羡慕他，他也曾满足过，但渐渐地他越来越感觉不到幸福的滋味了。每天，他都在想要是多挣一些钱，让自己和家人的后半生没有后顾之忧就好了，如果碰上了经济危机，生意不好做怎么办？自己和家人的生活失去了保障该怎么办？

案例中的这位先生，他这样的生活状况，在外人看来是幸福的，但他自己却感觉不到幸福的滋味了。因为每天他都在想，自己要是多挣一些钱，让自己和家人的后半生没有后顾之忧就好了，假如遭遇经济危机，生意不好做怎么办？自己和家人的生活失去了保障该怎么办？在这时候，他只看到了生活中让自己担忧的一面，却忘记了家里美丽贤惠的妻子和一双可爱的女儿，因为缺少对生活全面的看待，他无法体会到幸福的感觉。

教堂里有位看门的人，看十字架上的耶稣每天要应付这么多人的要求，觉得于心不忍，希望能分担耶稣的辛苦。有一天他祈祷时，向耶稣表达了自己这份心愿。意外地，他听到一个声音："好啊！我下来为你看门，你上来钉在十字架上。但是，无论你看到什么、听到什么，都不可以说一句话。"这位先生觉得，这个要求很简单。于是，耶稣下来，看门的先生上去，像耶稣被钉在十字架般地伸张双臂。

先生依照先前的约定，静默不语，聆听信友的心声。来往的人络绎不绝，他们的所求，有合理的，有不合理的，千奇百怪。但无论如何，那位先生都强忍下来没有说话，因为他必须信守先前的承诺。

有一天来了一位富商，当富商祈祷完毕之后，竟然忘记将手边的钱拿去。先生看在眼里，真想叫这位富商回来，但是，他憋着不能说。接着来了一位三餐不继的穷人，他祈祷耶稣能帮助自己渡过生活的难关。当他要离去的时候，发现先前那位富商留下的袋子，打开，发现里面全是钱。穷人高兴极了，耶稣真好，有求必应，万分感谢之后就离开了。十字架上伪装的耶稣看在眼里，想告诉他，这不是你的。但是，约定在先，他仍然憋着不能说。

接下来有一位要出海远航的年轻人来了，他是来祈求耶稣保佑他平安。正要他离去的时候，富商冲进来了，他怀疑年轻人拿走了自己的钱，两人吵了起来。这时十字架上伪装的耶稣再也憋不住了，他开口说话了。事情清楚了，富商去寻找那位穷人去了，而年轻人则匆匆离开了。

人都走了，伪装成看门的耶稣出现了，指着十字架说："你下来吧！那个位置你没有资格了。"看门人说："我把真相说出来，主持公道，难道不对吗？"耶稣说："你懂什么？那位富商并不缺钱，他那袋钱不过用来嫖妓，可是对那穷人，却是可以挽回一家大小的生计，最可怜的是那位年轻人，如果富商一直纠缠下去，延误了他出海的时间，他还能保住一条命，而现在，他所搭乘的船正沉入大海中。"

在生活中，我们常常自以为怎么样才是最好的，但往往事与愿违，使我们意不能平。其实，不管我们处于什么样的境地，我们应该相信，目前我们所拥有的，不论是顺境还是逆境，那都是对我们最好的安排。假如真的是这样，我们才能更全面地看待生活中的苦与乐，也才容易感受到幸福的滋味。

对于每个人而言，生活是多面的。当我们抱怨其不公平之处的时候，往往忽视了生活中美好的一面。对此，在生活中，我们需要多维度看待生活，这样才能更真切地领悟到幸福的真谛。

生活中，不公平的事情处处皆是，如果我们凡事都较真，抓着自己所受的不公平待遇不放，那我们所感受到的只能是痛苦，而非幸福。所以，放下心中的固执，不要再为生活的不平较真，这样我们自然能体会到幸福的甘甜。

将内心的怨气付诸于实际行动吧

一个人来到这个世界上，面对生活中的诸多不如意，只有两个选择，要么接受，要么改变。抱怨成为了接受事实的一个阻碍，我们总是想到：这件事对我是不公平的，这样的事情怎么会发生在我的身上呢？我怎么能接受这样的事情呢？所以，一种强烈的倾诉欲望开始萌发，我要去对别人诉说，以此证明我的无辜和委屈，于是，在我们抱怨的时候，我们已经失去了去改变这件事情的机会。那么，当我们无休止抱怨的时候，有没有想过比抱怨更好的解决方法呢？

对于大多数人来说，每天所做的最多的事情就是抱怨这样或那样，这些情绪会逐渐形成负面的改变。对此，心理学家认为，学会关注他人，尊重他人，为其提供礼貌、周到的服务，则会造成积极的改变。所以，停止抱怨，将这样一种怨气付诸于实际行动，从此刻开始改变吧！

王小姐是公司负责企划案的经理，最近，手头刚刚接了一个企划案，可是，需要另外一个部门的配合才能有效地执行方案。可是，令王小姐感到苦恼的是，自己的搭档因为觉得所附加的工作量太多，不愿意去做，而且，还责怪王小姐："我最近都很忙啊，你还这样的企划案来找我，真是没事找事。"王小姐心中一肚子怒火，忍不住找同事抱怨："咱们都是为工作，我们行，她怎么就不行呢？"说着说着，王小姐发现自己的怒火越来越大，甚至，哪怕是看见另外一个部门的员工，心中的火气就"腾"地一下冒起来了。

不过，抱怨后事情还是没有解决，王小姐意识到这根本不能解决问题，自己需要沟通。她心想：抱怨毕竟只是发泄，解决不了问题，既然是为了工作，那就是对事不对人，我得找她沟通去。后来，王小姐找了一个机会把自己的意图跟工作中的搭档解释了一下，对方竟欣然接受了即使加班也要完成工作的要求。工作任务完成之后，王小姐长长舒了一口气，说道："如果当初我继续抱怨下去，就会影响我跟她继续合作的情绪，工作肯定完成不了，看来以后我得少抱怨，多行动才行哪！"

有时候，我们在工作中会遇到一些人际麻烦，有的人处理方式是跟其他人抱怨，这无疑是制造了一个"三角问题"，自己和工作搭档有问题，却和另外一个人去讨论这些事情。事实证明，一味地抱怨根本解决不了问题，改变事情现状最有效的方式是行动，而只有行动才能改变事情。所以，请停止抱怨，放弃抱怨，从此刻开始行动吧！

从前，有一位年老的印度大师，在他身边有一个喜欢抱怨的弟子。有一天，印度大师让这个弟子去买盐，等到弟子回来后，大师吩咐这个喜欢抱怨的弟子抓一把盐放在一杯水中，然后喝了那杯水，弟子按照师傅的吩咐一一做了，大师问道："味道如何？"呲牙咧嘴的弟子吐了口唾沫，说道："苦！"

大师一句话没说，又吩咐弟子把剩下的盐都洒入了附近的一个湖里，听从师傅的吩咐，弟子将盐倒进湖里。大师说："你再尝尝湖水。"弟子用手捧了一口湖水，尝了尝，大师问道："什么味道？"弟子回答说："味道很新鲜。"大师继续追问："那你尝到咸味了吗？"弟子回答说："没有。"这时，大师才微微一笑，说道："其实，生命中的痛苦就像是盐，不多，也不少，在生活中，我们所遇到的痛苦就这么多，但是，我们体验到的痛苦却取决于将它放在多么大的容器里，所以，面对生活中的不如意，不要成为一个杯子，老是抱怨，而是成为湖泊，去包容它，通过实际行动来改变自己的现状。"弟子若有所悟地点点头。

英国著名作家奥利弗·哥尔德斯密斯曾说："与抱怨的嘴

唇相比，你的行动是一位更好的布道师。”与其抱怨，不如从此刻开始行动。面对生活里的一丁点不如意，人们最普遍的习惯是抱怨，不停地抱怨，抱怨父母不理解，抱怨社会太现实，抱怨朋友的欺骗，于是，抱怨成为了一种习惯，然而，那些不如意的事情、悬而未决的事情并没有得到真正的解决，自己的情绪反而因为抱怨而陷入了恶性循环，这就是抱怨所带来的负面影响。我们所生活的世界每天都在发生变化，关键的是，我们自己也给这个世界带来了什么样的变化？

从前，在魏国东门有个姓吴的人，他的独生儿子死了，可是，他看起来也一点都不伤心，每天仍早出劳作，快乐自在。有人对此感到不解：“你的爱子死了，永远也见不着了，难道你一点也不悲伤吗？”那位姓吴的人却回答说：“我本来没有儿子，后来生了儿子，如今儿子死了，不是正和我以前没有儿子时一样吗？每天那些农活依然是我的工作，我又何必去忧伤呢？花费时间去伤心，不如将这样的精力投入到实际行动中来。”

阿尔伯特·哈伯德曾说：“如果你犯了一个错误，这个世界或许将会原谅你，但如果你未做任何行动，这个世界甚至自己都不会原谅你。”抱怨，它只是一种语言而不是行动，当一个人过多地被语言困扰的时候，他会失去行动力。

当然，将抱怨转化为动力，我们还需要拥有广阔的胸襟，只有看透了抱怨的实质，我们才有可能将怨气化为动力。

什么是抱怨呢？有人说这是一种宣泄，一种心理平衡，似乎抱怨可以将那些不如意的事情发泄出来。每天，每个人可能都会面对许多不如意的事情，如果只是一时的抱怨，这还可以接受，但是，有时候，抱怨久了就会形成习惯，而抱怨的根源是对现实的不满意。

强者总是想办法改变自己，改变世界

在我们身边，总会有一些打抱不平的愤青，他们不断地抱怨上天的不公平，生活的不公正，其实，这些人一直在喋喋不休地抱怨着，那是因为他们无力扭转现状。成功只会垂青那些积极主动的强者，只要你敢于担当，勇于接受来自生活的挑战，那么，任何艰难险阻都会变成坦途。

对于强者来说，任何事情他们都会尝试着去做，因为敢于去做，到最后事情都会自然而然地变得顺畅。后来，他们会发现，那些原来让自己思虑重重的困难，竟然只是一件小事，根本不值得抱怨。

真正的强者，从来不抱怨，他们总是会把那些消极的想法从内心中扫除殆尽，让自己的内心充满阳光、希望。相反，一个弱小、无能的人，他们的生活总是充满了抱怨，因为无力改变现状，或者是内心根本没有想要改变现状的意识，因此，他们除了抱怨，别无他法。

现实生活中，平庸之辈总是多数，明明自己已经很平庸了，还在不断地抱怨。他们动不动就说“这个社会怎么怎么样”“我简直是英雄无用武之地”，其实，说出这样话的人本身不是什么强者，因为强者绝不是这样的态度。

面对人生的诸多不如意，我们都不要再抱怨了，抱怨只会让自己变得更加无能。只有无能的人才会抱怨，那些强者往往会通过改变生活来解决这些问题。所以，在这个世界，真正的强者并不多，大多数都是习惯于抱怨的庸者。

小李和小王是大学同学，大学毕业后，两人签了同一家国企公司，更有趣的是，两人居然被分到同一个办公室，成为了同事。小李在大学就是赫赫有名的人物，学生会主席，沟通能力和处理问题的能力都很强；小王虽然成绩优秀，但是，在大学没有参加社团活动，相应的处事能力较弱。

在办公室里，挂着职称的科长和两名副科长都不负责做具体业务，另外两位年纪稍大，自己觉得升迁无望，每天就只想着混日子，一旦有任务分配下来，他们自然会推给小李和小王：“小伙子，多锻炼，对自己有好处……”小李每次都欣然答应，做事情十分积极，小王则相反，他觉得同样都是在办公室工作，怎么就自己一个人像打工的，接到新任务不积极，心中怨气越来越大。

前不久，公司领导决定在家属楼后面的空地上建一座三层小楼，作为“健身中心”，这项任务自然落到了办公室里。小王知道艰巨的任务又来了，索性在第二天请了病假，而最终小李接下了这个工作，科长还不断嘱咐小李：“抓紧时间啊，这可是关系全公司职工的切身利益啊。”接下来的一个月时间里，小李天天往城里跑，把那些有名的健身中心都找了个遍，又是拍照，又去图书馆查资料，每天忙得晕头转向。而小王和其他人则在办公室里休闲地喝着茶，看着报纸。没过多久，小李将图纸交给了科长，因为设计比较成功，受到了嘉奖。小王则在旁边抱怨：“哎，早知道当初我应该来接这个任务，领导太不公平了，知道那天我请假就无视我的存在，如果我接到了任务，说不定比他完成得还要漂亮……”

后来，只要小李得到了上司的嘉奖，小王都要抱怨一番：“领导对我太不公平了……”刚开始的时候，办公室同事还对小王说些打抱不平的话，可是，时间久了，大家也不怎么关心了，反而会在背后议论：“自己没本事就别吱声嘛，见不得人家好，他一天的抱怨怎么那么多，还不是自己无能，否则，领导怎么会不重用你呢……”

罗斯福说：“未经你的许可，没有任何人能够伤害你。”

有的人自己办不了事情，别人办了漂亮事，他还会到处抱怨："其实我很有能力的""他凭什么就能得到领导的重用啊""这件事我会比他做的更好，可领导偏偏不找我嘛"。但是，真正的结果呢，却是自己无力扭转现实，心中才充满了抱怨。而另外一些人所想的是如何解决问题，如何完成这件事，因此，他们会在最后的努力中成功，而那些无能的人只能在抱怨声中销声匿迹。

有一句话说得好："多数人都想改造世界，但却很少有人想改造自己。"左右一个人成功的因素会很多，但是，如果你连自己都改变不了，你会成为一个强者吗？许多人习惯抱怨社会，抱怨他人，抱怨自己，可是，有人会想过这是因为自己不够强大而遭遇的吗？

一个人只有把自己定位在"弱者"的位置上，他才会觉得无法改变，从而变成了一个抱怨者。当我们把自己定义成弱者，那我们就改变不了什么，除了抱怨还是抱怨。因此，当生活遭遇不幸的时候，我们所想的应该是如何解决问题，而不是不断地抱怨这个问题的存在，这样我们才能真正地解决问题。

第 04 章

只要你细心观看，就能饱览沿途美景

俗话说：“人生不如意十之八九。”比起来之不易的快乐，似乎痛苦的到来更多一些。这是大多数人的感觉，其实不尽然，只是人们在感受痛苦时拉长了时间，在感受快乐时忽略了内心，只要我们细心观看，就可以饱览沿途美景。

生活本是一张白纸，需要你自己拿着笔画

生活本是一张白纸，需要你自己拿着画笔，一笔一划地勾勒出美丽的风景；生活本是一杯白开水，需要你自己往里面增添甜蜜、幸福、悲伤，调制出五味俱全的味道。生活本来是平平淡淡的，主要是看你怎么来经营它了。许多人对生活充满了抱怨，总是觉得自己每天除了工作就是睡觉，已经丧失了最初的激情；有的人总是为柴米油盐酱醋茶而担忧，日子过得拮据而无味，生活让他看不到任何希望。

现实生活中的人，他们忙着上班，忙着挣钱，忙着经营家庭。在忙碌的生活中，他们抱怨着，哭诉着，却不愿清醒着。其实，生活本身没有对与错，而是在于你的心态，你的生活方式。对于那些心态乐观，懂得享受生活的人，每天都是充满阳光的。所以，人要学会为自己忙碌的生活营造一些小情调，调剂生活，更是充实自己，丰富心灵。

卢梭说："女人最使我们留恋的，并不一定在于感官的享受，主要还在于生活在她们身边的某种情调。"生活中的小情调并没有什么昂贵的奢侈品，它就如同濛濛细雨，从天上屈尊到地上，滋养着忙坏了的人，使他们每一个日子都是那么丰盈而充满意蕴。情调就是人与生俱来的情致，是人骨子里最温柔

的情结，是他们通过自己的感官享受和体验生活的一种方式。

平淡的生活充满了枯燥、倦怠的气息，压力让我们喘不过气来，其实，这时候需要我们给自己留一点时间，为乏味的生活营造一些小情调。生活越是忙碌，越是枯燥，越需要情调。情调在一定程度上为自己减轻压力，消减负荷，让我们烦闷的心情得到放松得到释放，让我们重新体会到生活的美好。

王姐是个精明能干的人，曾经在好几家大型公司当过副总，拥有MBA学位，美丽、漂亮、优雅！她之前有段短暂的婚姻，一年之后就因为性格不和而离婚了。离婚后，她把心思都投入到工作上去，日子虽然过得很忙碌，但是她的生活却很小资情调，没事就学学插花、看看电影，那份闲情逸致，让身边的朋友羡慕不已。

王姐出生在一个富商之家，从小耳熏目染，骨子里喜欢有情调的生活。虽然长大后的她，整日处于很忙碌的状态。每到休息之余，她又会想起自己那情调的生活来。在不上班的时候，她就喜欢逛花市，一逛就是一上午，每次回家，不是手捧一把鲜花，就是提一盆花。除此之外，她还经常去学习插花，在老师家里一呆就是一下午。如今，她的插花技术日益长进，哪怕是一个很粗糙的瓶子，凭着她的心灵手巧，于是，美丽和诗情就出现在眼前了，或是放在案头，或是放在居室，她说，那时，她有美丽的心情。

对于每一个生活忙碌的人来说，情调并不是什么奢侈品，也不需要我们花费多大的精力。当你周末无聊的时候，窝在最心爱的沙发里，翻着一本心怡的书，泡上一杯沁香的玫瑰花茶，这时候，生活的情调就会慢慢萦绕在你身边，牵动你内心最柔软的部分。生活需要情调，而情调也充斥着生活的每一个角落，只是需要你去发掘它们，并弹奏出最优雅的调子。

我们要学会雕刻自己，为自己的生活营造一些小情调。其实，不是生活中缺少了情调，而是缺少了发现情调的那颗细微的心。说到底，情调就是一种生活的态度，一种平和的心态，一份闲情雅致，一份优雅情怀。它就如同生活的调味品，为你的生活增添别样的味道，使你的生活不至于单调乏味。在更多的时候，它只是一种愉悦的心情，那就是在微雨的天气，故意把雨伞收进包里，独自走在大街，感受细雨的朦胧，细雨的浪漫，那份怡然自得，也就是情调；在寂静的夜晚，迷人的灯光，穿上最美丽的衣裳，浅浅啜饮，品尝红酒的魅惑；夏日的午后，独自倚着窗，凭栏眺望，佳人品佳茗。情调，其实就暗暗隐藏在我们生活的每一个角落，需要我们于细微处去发现，用心去体味。

知晓世俗，而不做俗人

有人认为："人如花似淡雅，世人庸俗分俗雅。俗雅本是连体婴，看你怎样去衡量。"是的，在这个世界上每一个人都是一朵颜色或浓或淡的花朵，散发那独一无二的香味儿，彰显着自己的人生价值。一个人的美丽是由她的容貌、身体、气质等所决定，但拥有这种美的人，总是不断地行动、思考、说话，他们的言行举止中显示出一种行为风范，有时俗，有时雅。所以，这样看来，对人的俗和雅主要是依据他们的内在气质、行为举止、价值取向、情感情趣等来鉴别的。

我们经常所说的"俗"，体现在价值观上，就是缺乏情趣、唯利是图、没有长远的眼光、没有怜悯之心等，若是一个俗不可耐的人，那只能是"金玉其外，败絮其中"。在现代社会这样的人层出不穷，他们天天追求着最华丽的服饰、最舒适的生活、出入高级场所，这对于他们而言就是所渴望的生活，但实际上他们好吃懒做，整天除了喝酒抽烟打麻将就不会干别的。而"雅"则不同，这样的人高雅、有内涵、有眼光、有丰富的情趣、怜悯弱小，他们只追求最简单的生活，驰骋于职场，为自己打下一片天地，有高雅的情趣生活，热爱生活，享受生活。所以，那些美而俗的人，只是美了一半，体现不出美感；而美而雅的人，才高度体现了美，享受了美。

阿雅和美亚是大学同学，大学毕业后，阿雅就决定出国了，在国外一所大学攻读了英国文学硕士研究生。后来在学校和导师的影响下，她成为了一个女性主义者，成为了一个专业的博士。虽然已经年近40了，她还没有结婚的打算，整天忙碌着工作、学术，几乎没有时间来考虑其他的。无论是她写的文章还是言谈，总是少不了对人性、女性、生活的思考与感悟，从来不会去关注时装、宴会、时尚。也许，在旁人眼里，她的生活是不完美的，但她却丝毫没有察觉自己的生活不完美，她总是很忙，不是有意去填补没有家庭所留下的空虚，而是她没有时间。

美亚长得很俊俏，大学毕业后就嫁人了，据说是嫁给了一位腰缠万贯的商人。结婚后的她衣食无忧，过着全职太太的生活。她整天的生活就是关注时装、时尚，既不管丈夫的生意，也不顾孩子的学习，有时候甚至通宵与几个朋友一起打麻将，和朋友在一起她学会了抽烟喝酒。虽然，她看起来很漂亮，却常常浓妆艳抹，身着夸张的服饰，看起来完全失去了美丽的模样。

雅人如酒，历久弥香；俗人如花，时过即凋。阿雅整天忙碌着，谈论着人性、女性，虽然在旁人看来，这样的生活显得有点枯燥，但是她乐在其中，不理会旁人的说法；美亚长得很漂亮，崇尚物质生活，即便是在结婚后，她也并没有把心思放在经营家庭上，反而极尽地追求自己的安乐生活，也许这就是雅与俗的区别吧。

雅人热爱生活，独立自主，无论是说话做事都会有自己的想法，并且会一直坚定地走下去，不理会他人的看法；俗人挥霍生活，凡事喜欢依靠他人，做什么事情都会征询他人的意见，唯唯诺诺，犹豫不定。雅人敢于对他人说“不”，而俗人则在任何时候都是听从别人的。

陈美是一位英籍著名歌手，是小提琴演奏家，她的表演极富爆发力。她出生于新加坡，4岁移居伦敦。她5岁接触小提琴，迅速显现出非同寻常的音乐天赋。之后在北京及伦敦皇家音乐学院进行了系统的学习，并在10岁时与伦敦爱乐合作完成了她的处女秀。

从10岁的至14岁，她在名家杰作的现场演奏贝多芬、莫扎特、柴可夫斯基等协奏曲方面的出色表现，震憾着众多听众。后来，她发现自己演奏的都是一些传统经典的曲目，正规的指法，优雅的坐姿，但是却无法给听众带来一种全新的感受，于是她开始尝试古典与现代相结合的表演方式。古典与现代结合的小提琴独奏，既让人耳目一新，又有自己的独特风格，结果一炮而红。

陈美并没有拘泥于传统的小提琴演奏，而是大胆地尝试古典与现代相结合的表演方式，最终为自己的艺术生涯赢来一个高峰。这不得不说她是一个雅致的女子，当所有人都在用小提琴演奏传统经典曲目，她却有着自己的想法，并付诸于实践，独辟蹊径，获得了成功。

人的美丽并没有雅俗之分，但人所树立起来的价值观却是有雅俗之分的。有的人崇尚金钱与权势，甘愿做庸俗的奴隶；而有的人却渴望最简单的幸福，有着完整独立的人格。作为一个人，要分清“雅”与“俗”的区别，树立高品位的价值观，做一个人格独立的人。

不忘最初的“价值观”，方得始终

每个人都会有一定的价值观，那就是对周围的客观事物的意义、重要性的总评价和总的看法。实际上，价值观通过人们的行为取向及对事物的评价、态度反映出来，是驱使人们行为的内部动力。

当然，每个人或多或少都会有自己对这个世界的看法，对幸福的定义、自己的消费观、金钱观，这样的观念在一定程度上是不会有什么变化的。但是，有时候，会因为外界原因的变化，或者自己一下子提高了经济地位，就会开始动摇那些最初的价值观。

有的人可能本来只是朴实勤劳的农村人，但在繁华都市的大染缸里，他们逐渐失去了自我，成为金钱的奴隶；有的可能是涉世未深或是刚出校门的大学生，但在物欲横流的社会里，他们丧失了纯真，变得势利现实，甚至为了满足一己之利作出背信弃义的事情来。像这样的人，都是经受不住社会的诱惑，轻易地动摇了自己的价值观，最后走向人生的歧途。做一个高品位的人，就要秉承正确的价值观，并且不要经常动摇自己的价值观。

大学毕业后，她不顾家里人的反对，毅然跟一无所有的男友结婚了。婚姻的最初是幸福甜蜜的。可是没多久，这种平静消失了，事情源于偶然发生的一件事情。

她在一家公司做文秘，平时需要经常陪同经理参加各种会议和酒会。在一次商务洽谈会上，当她拿起纸杯轻呷一口茶时，一个鲜红的唇印印在了杯沿上，她十分不好意思地将沾了口红的那一面转向自己，生怕被别人看见。

然而，这一幕还是被洽谈另一方的女秘书发现了。招待宴后，她在洗手间碰见了那个女秘书，她说："你口红的颜色很漂亮，只可惜印在杯上不太雅观。我们做秘书的代表公司的形象，是不可以用那些廉价口红的。"在女秘书转身关上门的瞬间，泪从她的脸上流了下来。

原来，他们为了攒钱买房子，尽量地减少开支，她所使用的口红都是十元钱左右的。她从没有在乎过它的价格，只觉得青春是骄傲的资本，但是现在她却感觉到自尊心受到了伤害。她似乎开始重新审视自己的婚姻，居然冒出了离婚的念头。

本来她的价值观并没有被金钱所玷污，甚至为了爱情而选择贫穷的精神之恋，但是在面对现实的残酷，特别是自尊心受到了伤害时，她开始动摇自己的价值观了，开始怀疑自己的价值观出现问题了。

其实，这并不是金钱的错误，而是在于她心中所树立的价值观不够坚定，当出现了一点点难堪，她就失去了坚持下去的勇气，进而选择逃避，所以她才萌发出离婚的念头。

德国总理默克尔以她的低调、朴素、谦和、平易近人等品格给无数人留下了深刻印象。在默克尔访问中国的时候，她坚持要入住70多平方米的普通商务客房，似乎她出访入住普通房间已经成为一种习惯。

第二天早上，默克尔谢绝去专门为其准备的私密性强的索菲特会所，坚持和一般住店客人一样到7楼西餐厅吃自助早餐。而且不进VIP包间，和随行的德国工作人员一道在大厅吃自助早餐。她也谢绝了工作人员的服务，坚持自己到自助餐台取食物，并自己动手切法式长棍面包。在取一种燕麦面包时，默克尔不小心将一片面包落到了地上，而默克尔却拒绝了服务人员，弯身捡起掉在地上的那片面包，并放进自己的餐盘里。

在德国，勤俭节约已经成为每个人的习惯，即便是身为

总理的默克尔也不例外，国家总理的头衔并没有改变她的价值观，她还是秉持着那样平实、朴素的作风。勤俭节约是人类社会共同的美德，也是所有优秀人物共同拥有的优点。

一般而言，一个人的价值观是具有相对的稳定性和持久性的。在特定的时间、地点、条件下，人们的价值观总是相对稳定和持久的。当他在对某种事物的好坏有看法和评价时，在条件不变的情况下这种看法不会改变。

也许，随着人们的经济地位的改变，以及人生观和世界观的改变，这种价值观也会随之改变，但这样的变化在某种程度上是一种完善，而并没有动摇人们在心底深处的价值观。

如果你已经开始对你所树立的价值观有了疑惑，甚至经常动摇，那其实是缤纷多彩的现实世界吸引了你，诱惑了你，俘虏了你，所以激起了你内心深处邪恶的欲望。在很多时候，人要懂得远离那些极具诱惑力的东西，克制自己心中的不良欲望，坚守正确的价值观。

独立自主，才能活得精彩

如果有人问女人生活的重心是什么？相信许多女人都会说是爱情。在绝大多数女人的生活里，爱情占据了很大一部分，甚至占据了生活的全部。每天，她们都会为心中的那个他忙碌，甚至喜怒哀乐都会因他而绽放。恋爱的时候，女人的一门心思都在男人身上，无心专注于自己的事业；结婚之后，更是辞去了工作，安心在家里相夫教子，做一个全职太太。从表面上看，这样的生活也不错。然而，从深层次上看，女人在很大程度上已经失去了自我，成为了男人的附属品，没有了自己的思想。

其实，幸福的女人并不一定是小鸟依人，也并不一定是只做贤妻良母。幸福女人，应该是在任何时候都不会迷失自我，有一份喜欢的工作，有一些高雅的兴趣爱好，有一个爱自己的人，有一个温馨的家庭。

人生路漫漫，开满了各色绚丽的花朵，你不必只为了一朵花而停留顿足，而是优雅地走完全程，不给自己留任何遗憾。因此，做一个女人，首先就要独立自主，才能人格独立，才能为自己活得精彩。

她是一位活得很精彩的女人，一生为自己活着的美丽女人！出生于1931年的卡门·戴尔·奥利菲斯今年已经高龄77岁，是世界上“最老的职业模特”。虽然“最老”总让人想起了鬓发斑白的老人，然而卡门在T型台上的表演仍能用无可挑剔来形容，依然如女王般高贵。

骄横任性是许多超级名模们的通病，但卡门来自另一个时代，传统的敬业精神赋予她别样的优雅。当年轻的模特们因为断掉的指甲而大发脾气时，卡门不会因为疲劳或脚痛而影响任何一次演出，她无论何时何地都展现出无暇的美丽。

卡门21岁时嫁给了第一任丈夫并有了一个女儿劳拉，24岁时这段婚姻告终。此后卡门的一生中又经历了两次失败的婚姻和诸多罗曼史。当有人问她在70高龄，爱情对她是否还重要时，她反问道："呼吸对你重要吗？"

77岁的卡门·戴尔·奥利菲斯依然优雅地游离在T型台上：高而有型的颧骨，湛蓝的眼珠、如云的白发，卡门举手投足间展现出一种女王般的高贵与傲慢。她是一位活得很精彩的美丽女人，无时无刻都在展现自己无瑕的美丽。即便是在77岁，她认为爱情一样重要，就像呼吸一样重要。

女人，要学会为自己活出精彩，对自己负起责任。当你对着天空大声喊道"我要为自己而活，活出自己的精彩"，那就是你最美丽的时刻。活出精彩的人生，这并不是肤浅的想法，也不是心中的浮躁，更不是轻狂的表现。

为自己而活出精彩，并不是一种炫耀，也不是为了逞强，更不是为了做一个霸气的女人。其实，女人为自己活出精彩，是一种豁达的心境，是一种知足的快乐，是轻轻松松驱除纷扰，是明明白白地享受人生。

洪晃是一个做事比较情绪化的女人。毫不犹豫辞去年薪18万美金的首代职；在陈凯歌大红大紫的时候，提出与其离婚。

但她活得自由自在，按自己的个性活，过着自己想要的生活。洪晃自嘲地称自己这种自由不羁的个性为“痞女”。

洪晃出身名门，外祖父章士钊是著名的爱国民主人士，母亲章含之也是位出色的女外交官，曾写下轰动一时的《我与乔冠华》一书。洪晃12岁那年去了纽约，并自那时起打下了深厚的英文基础。后来以自己为原形，出版了《红色童话》。洪晃坦言：“我给了自己很多压力，但是后来我意识到，如果事实证明我活得没有我家人那么成功，并不说明我活得不好，并不是说我糟蹋了这一辈子，并不说明我不值得。因此到现在为止，我活得还是比较自由自在的，我一直在按自己的个性活，过我自己想要的生活。”

也许很多人并不欣赏洪晃的个性，但是你不得不赞同她到目前为止，都活得自由自在，按自己的个性而活，过自己想要的生活，活出自己的精彩。

人生路漫漫，人活在世何所求？只有不断地奋斗才能绽放绚丽的人生。作为新时代的人，要拥有完整独立人格，要想取得人格独立，就首先要获得经济独立。要有一份自己喜欢的工作，不需要多高的薪金，足可以养活自己；有几个有品味的朋友，闲来无事聊聊天；有几种高雅的情趣，提升自己的内在。

当你发现生活已经平淡如水的时候，不妨为自己生活注入新鲜空气，活出自己的精彩，而不是做附在别人身上的寄生虫。

空虚，现代都市人的通病

塞涅卡说：“人类最大敌人就是胸中之敌。”在现代人的字典里，“空虚”这个字眼所蕴含的重量似乎越来越重，许多上班族都有这样的经历：“我有工作，但是，一天什么事情都不想干，总是提不起精神，面对着电脑，也不知道自己要做些什么，真不知道以后的日子该如何走下去，心里空虚得要命。”

空虚，是一种消极的状态，不能明确自己的目标，不知道今后的路该怎么走，更重要的是，在这样的心理状态下，怒气很容易“钻”了空子。他们常常因为自己的胡思乱想，而把怒火撒到其他人身上，而且，还自认为生气是很有道理的。可是，生气之后，他们浑然忘记了自己到底为什么生气，难道就是为了摆脱心里的空虚吗？所以，如果你是一个空虚的人，需要时刻警惕，不要让自己掉入怒火的陷阱。

在生活中，人们往往存在着不同的心态，有的人乐观，有的人却悲观，乐观的人情绪平和安静，而悲观的人很容易受到情绪的波动。其实，空虚本身就是一种悲观的心态，空虚的人很容易陷入自我休眠中，因为找不到前方的路而迷失了自我。

心中没有前进的方向，没有心灵的归宿，因而，他们总是花很多的时间和精力来想一件事情，哪怕只是一件微不足道的事情，他们想着想着，也能想出愤怒的情绪来。心的无力感让他们感觉到诸多不安的情绪，在很多时候，他们自己也很想从空虚感中摆脱出来，可是，越是空虚，越是容易生气，越是生气，越感到前途渺茫。在这样的情绪循环中，情绪越来越汹涌，并渐渐主宰了他们。

小杨和男朋友相恋一年多了，可是，这段感情一直遭到父母的反对，在一个气氛尴尬的夜晚，父亲在电话里的那头生气地说道：“你要是再这样下去，就永远不要回这个家了。”电话放下后，小杨心都凉了大半截，未来该怎么办呢？和男朋友分手，接受那个家人介绍的对象？坚持自己的选择，和男朋友远离家人？路有千条万条，可小杨就是不知道自己该选择哪一条。

白天，男朋友上班了，小杨一个人呆在家里，总想找点事情做，可是，内心的那种无力感和空虚感袭来了，她觉得浑身都没劲，就想一直沉睡，至少睡着了谁也打扰不了。偶尔，思绪万千的时候，她也会想起与男朋友诸多的不合适，以及父母的担忧，越想心中越是焦虑，有时候，想着想着，她就暗暗下决心：“今天晚上和男朋友说分手的事情，一定不能心软。”于是，等到男朋友回家的时候，小杨心中的怒气就上来了，尤其是看到某些自己不能认同的行为，小杨更是怒火中烧，大声斥责：“我们结束吧，我不想继续了。”而且，这样的情景不是一次两次，而是多次，每次小杨独自一个人在家里，由于内心的空虚与混乱，总会胡思乱想，男朋友也感到很疲惫了，偶尔，他也会劝小杨：“没事就出去透透气，不然，在家里迟早

会闷出病来。”小杨内心里相当清楚，自己真的是由空虚而生气的，可是，有时候总是克制不住自己，也不知道自己到底该怎么办？

小杨内心的空虚，总是让“怒气”钻了空子，结果，好端端地生了那么多气。在人生的旅途中，成败得失，恩恩怨怨，乃至空虚寂寞，始终伴随着我们。如果我们总是把这些伤心的话、烦恼的事情、无聊的事情记在心中，永远留在心里，无疑于背上了沉重的包袱，套上了无形的枷锁，同时，也让郁积在心中的不良情绪有了可趁之机。

从心理学角度说，空虚是一种消极情绪。那些空虚的人，无一例外都是对理想和前途失去信心，对生命的意义没有正确认识的人。他们对现实消极失望，以冷漠的态度来对待生活，遇人遇事就摇头。有时候，为了摆脱空虚，他们会沉浸到另外一种空虚的生活中，漫无目的地游荡、闲逛，消磨大好时光，因此，空虚所带给我们的，是百害而无一利。那么，面对空虚，我们该怎么调整自己呢？

俗话说：“治病先治本。”空虚源于对理想、信仰以及追求的迷失。知晓了空虚产生的根源，那么就要对症下药。树立远大的理想、拟定明确的人生目标，这就可以成为消除空虚的最有力的武器。当然，这并不是说你树立了目标，空虚就被驱赶走了，而是当我们坚定地朝着自己目标前进的时候，空虚才会慢慢地远离我们而去。

有时候，即使是两个人生活在同一个环境中，但由于心理素质不同，其结果也会不同。有的人遭遇了一点点挫折就偃旗息鼓，他们很容易就陷入了空虚中；有的人面对困难却丝毫不畏缩。所以，提高自我的心理素质，也能够将空虚及时地消灭，不给它进一步侵蚀心灵的机会。

生活本身是美好的，主要是看我们以怎样的态度去面对它。对生活缺乏热情的人，他们心中只有空虚，以及百无聊赖的寂寞，而那些对生活充满了热情的人，哪怕是蓝天白云，高山大海，他们依然积极地去感受大自然的美丽。当那份热情填补了生活的空白，你哪还有精力和时间去空虚呢？

生活本就多姿多彩，只是你“懒”于发现

一位朋友这样介绍她的父亲：“我爸爸脾气特别不好，不仅如此，还很懒惰，偶尔，他会出去闲逛了一天，天黑才回来，如果我们什么都不说，他心情就很好；相反，如果妈妈说他两句，他就会黑着一张脸。”由此看来，懒人的脾气一定不会好，因为他们既希望自己能享受自由自在的生活，另一方面，他们又想旁边人为自己打理好一切，否则，心中就会感到特别生气。那么，要想获得一份好心情，我们要改掉懒惰的坏

毛病，开始让自己享受多姿多彩的生活。

一个人过于懒惰，那么无论他的理想有多么伟大，他都不可能实现，因为懒惰的人是很难把理想付诸于实际行动的。而且，如果一个人养成了懒惰的习惯，还会给自己的生活带来一些无法忽略的问题，正是由于这些问题的存在，让一个人的成功受到重重阻碍。不仅仅如此，懒惰还会影响我们的心理健康，懒惰的人不懂得打理自己，房间乱糟糟，饮食习惯很马虎，整个人和其生活的环境都给人一种混乱的感觉。

试想，生活在这样一个环境里，你的心情会好起来吗？看着乱糟糟的一切，情绪就会感到躁动不安，随时都可能会爆发出来。另外，懒惰的人总不能将事情做得很好，试图占便宜，或者渴求天上掉馅饼这样的美事，如果自己的理想达不到，那么，怒火就会爆发出来，而天性懒惰的他们根本没有意志让自己干好这件事情。

小米在家里排行最小，因而受到了爸爸妈妈的宠爱，从小在家里就没干什么活儿，而且，脾气还很大。平时在家里，如果小米吩咐爸妈做的事情没有做好的话，小米就会摆出一张黑脸，不管爸妈怎么哄，她都不说话。

慢慢地，小米长大了，到了外地上大学，可是，她懒惰的毛病和习惯还是不改变。在寝室里，她的床铺是最乱的，衣柜里乱七八糟，哪怕是刚买的新衣服，看起来也是皱巴巴的，室友们在背后都议论她：“小米简直活脱脱21世纪懒人代表，这样的人还说不起呢，说她就要发脾气。”这话若是被小米听见了，那么寝室定会爆发一场战争。

有一次，室长终于忍不住了，她向小米善意建议：“小米，你的东西太乱了，有的脏衣服都有味了，你花点时间整理整理吧。”小米回看了一眼，无奈地说：“我没有时间，就这样吧，再说了，那都是我的东西，惹到你们什么了吗？”室长有点生气：“你这人怎么这样呢？懒归懒，脾气还很大，真受不了，怎么会跟你这样的人住在一起。”小米也火了：“我怎么了？我还不愿意跟你住在一起呢，有本事你自己住一间啊，真是，还来说我了。”顿时，两个人吵了起来。这次吵架之后，寝室的室友纷纷向辅导员请示“要么给自己换寝室，要么将小米调离寝室”。辅导员知道这个情况之后，把小米叫到了办公室，对她说：“小米，懒惰可不是一个好习惯哦，以前我也是一个懒人，脾气特别坏，后来我变得勤快了，心情也开朗了起来，因为在做事情的过程中，那些消极的情绪会被慢慢融化……”

在隔壁，住着一位勤快的家庭主妇，令大家感到意外的是，她几乎从来不生气。有人对此感到奇怪，问她：“你脾气真好，什么事情都能忍受啊。”没想到，这位家庭主妇却说：“其实，我有脾气，以前我又懒，脾气又坏，很让家人伤脑筋。后来，老公建议我一天做点事情，这样就没时间去生气了，可是，懒惰已经成为习惯了，想想为了改变自己，我开始做一些简单的家务活，这样一来，坏脾气还真没了，一天干活累了，哪有精力和时间发脾气呢，而且，把家里收拾干干净净，看着心里也舒服，早把那些生气啊、发火啊抛到脑后了。”事实上，当我们变得勤快的时候，以前的坏脾气也就变成了好脾气了。

懒惰不仅是一个人成功的大敌，而且，它还是我们不良情绪的源头。在充满困难与挫折的人生道路上，懒惰的人过着极为单调的生活，在他们的生活里，只习惯于等、靠、要，从来不想发现、拼搏、创造，最终，他们不仅错过了多姿多彩的生活，而且将一事无成。而且，懒人的脾气一定不会好，所以，如果你有懒惰的坏习惯，需要尽早地克服它，让自己开始享受多姿多彩的生活，同时，也让自己告别坏脾气的纠缠。

在日常生活中，我们会发现，那些懒惰的人脾气都有点坏，似乎用来干活的精力和时间都用在发脾气上了。结果，脾气是发了，可是，事情还没有解决。当然，这也证明坏脾气的人动手解决问题的能力差，他们在任意妄为的时候，其实也错过了享受生活的机会。

快乐，总藏匿在生活的平淡中

在生活中，总是有那么多人不快乐。也许，他们已经很有钱，不愁吃不愁喝，不会再为了一件漂亮的衣服因囊中羞涩而犹豫；或许，他们已经事业有成，家庭幸福。但是，无一例外的，他们对人生都有了一个感悟：人生太平淡了，快乐不常在。

快乐是一种愉悦的精神感受与心理体验，诸如食物、居所、金钱、荣誉，都是人们追求快乐的手段，但并不是最终的目的。人们之所以追求那些东西，那是因为它们具有带给人们快乐的属性或效用，而只有幸福、快乐才是人类欲望追求的本质和行为的终极目的。

人生如水，有激流涌进也有缓游平静，有高亢激昂，也有低迷消沉，人生有轰轰烈烈的辉煌，也有平平淡淡的柔美。但是，在更多的时候，人生只是不经意的平常生活。人生难免平淡，而快乐生活全在于自己创造。

有这样一个故事：

有一个牧师，周六晚上正在苦苦思索隔天礼拜的讲道内容时，他5岁的小儿子在旁边不断地要求爸爸陪他玩。为了敷衍孩子，牧师拿出了一张印有世界地图的报纸，撕碎了并嘱咐儿子拼好粘起来，心想这样应该让孩子专心地玩一会儿了。

不料，10分钟之后，孩子兴高采烈地跑来说：“我已经拼

好了！”牧师十分惊讶，一个5岁的孩子怎么有认识世界地图的能力呢？只见孩子十分得意地说：“很简单啊，地图的背面是一个人像，所以我就把纸翻过来，人对了，世界就对了。”

人对了，世界就对了！这是一句多么精辟而富有哲理的话语啊。其实，这也是我们每个人在生活中遵循的态度，只要你摆正了自己的位置，想不快乐都难。法国作家雨果曾说：“思想可以使天堂变成地狱，也可以使地狱变成天堂。”

在生活中，不可能诸事顺利，但可以事事尽心；或许，你不能左右天气，但你可以改变心情；你不能选择自己的相貌，但你可以展现灿烂的笑容。营造快乐生活的秘诀，在于你需要调整好自己的心态。

许多人抱怨生活太平淡、太单调，他们很羡慕那些所谓的成功人士。而那些成功人士也认为自己活得压抑、不洒脱，他们更羡慕平常人的生活。其实，无论我们生活在哪个层次，无论贫穷还是富有，我们改变不了人生的平淡。在人生的平淡中，我们要善于寻求生活的快乐。

有两位年届70岁的老太太，一位认为到了这个年纪可算是人生的尽头，于是，她开始为自己料理后事。另一位却认为一个人能做什么事不在于年龄的大小，而在于怎么个想法。于是，她在70岁高龄之际开始登山，并以登山为乐，其中几座山还是世界有名的。而在最近，她还以95岁高龄登上了日本的富士山，打破了攀登此山年龄最高的记录，她就是著名的胡达·克鲁斯老太太。

谁说70岁的年纪就到了人生的尽头呢？谁说人生是平淡无奇的呢？胡达·克鲁斯老太太抓住了人生的尾巴，追寻到了生活中的快乐。人生难免平淡，但是，它是可以多彩的。每个人都希望自己短暂的生命闪光发亮，都希望笼罩自己上方的是一片绚丽的天空。或许，平凡的生活磨灭了内心的激情，消解了追寻快乐的愿望。但是，不要消极对待平淡的生活，不甘于平庸，与其在人后唏嘘生活的平淡，不如抓住当前的生活瞬间，留住激情，营造快乐的生活。

一个人应该有梦想、有激情，这样，他的生活才会充满着无尽的快乐。没有激情的生活就如同没有放入油盐的一盆清汤，没有味道，自然难以下咽。

一个人在生命的各个阶段都应该为自己树立各式各样的追求，有着梦想的生活才是快乐的。对于人生中的任何精彩片段，我们不应该轻易放过，而是尽情去享受。我们要学会在平淡的生活寻找快乐，要使自己有限的生命虽然平凡却无比充盈。

第 05 章

走的路不同，才能看到更独特的风景

当我们尝试着做出某些决定的时候，身边的人总是规劝：这样的生活并不适合你，不要走错路了。其实，当没有走到路的尽头，谁能决断出这条路是错误的，恰恰相反的是，走的路不同，才能看到更独特的风景。

别因太在意他人而迷失了自我

卡内基说：“你见过一匹马闷闷不乐吗？见过一只鸟儿忧郁不堪吗？之所以马和鸟儿不会郁闷，是因为它们没那么在乎别的马、别的鸟儿的看法。”在生活中，许多人太在意别人的目光而失去了自我，这简直是得不偿失。当然，我们作为社会人，生活在各种各样的关系中，完全不在意别人的目光那是不可能的。

事实上，我们对自己的评价，很多时候是需要借助别人对我们的看法而作出的。因此，对于别人的目光，我们需要考虑，但并不是过分地注重，否则，你就会感觉到自己活得很累。你总是在想别人是怎么看待自己的，你总是经过别人的目光来修正自己，到最后，你会完全失去自我，变成一个别人目光中的自己，更为严重的是，你将变得闷闷不乐、忧虑不堪，完全失去心灵应有的轻松与快乐。

在很多时候，我们会特别羡慕那种所谓的“好人缘”，似乎每个人都能与他聊到一块去，他说的每一句话，所做的每一件事，都是以大家的目光为标准。在公司，上司说这个方案不行，他一句话不说，马上改成了上司喜欢的方案；挑剔的同事说，你今天的打扮好像不太和谐，第二天，他就真的换了一套同事眼光的服饰；在家里，爸妈说，你新交的男朋友没有固定的工作，她就真的决定与男友分手，重新找了一个能让父母觉得满意的男朋友。在这个过程中我们都会发现，他们不过是因为太在意别人的目光而讨好身边的人而已，他们已经逐渐失去了自我。

在生活中，不管是一个什么样的人，不管这个人做不做事，是少做事还是多做事，做的是什么事，他都会招来别人的看法和评价。而对于那些目光和议论，有的人会把它作为自己行动的标准，他们很在意别人是怎么看待自己的。结果就是，他们在做事情时畏首畏尾，把自己搞得很紧张，好像自己在为别人而活似的。其实，根本没有必要这样，因为我们既不是演员，又不是在表演，我们的目的就是要做好自己的事情，何必那么在意别人的目光呢？

人性最特别的弱点就是在意别人如何看待自己。每个人对一个事物都有主观的看法和评价，一味在意别人的看法，你将找不到属于自己的路。每个人都有自己的特点和优势，别人对你的简单评价，不足以反应你的真实情况。做人要有自己的主见，还要有充分的自信，相信自己的判断力，不要轻易地听从他人的意见，而改变自己的主张。每个人的使命终究还要靠自己来完成，你人生的目标，是独一无二的，专属于你自己的。它神秘而又绚烂，值得你用一生去追求。

美国职业足球教练文斯·伦巴迪当年曾被批评“对足球只

懂皮毛，缺乏斗志”。贝多芬学拉小提琴时，技术并不高明，他宁可拉他自己作的曲子，也不肯做技巧上的改善，他的老师说他绝不是个当作曲家的料。但他们都勇于走自己的路，不被别人的意见和评论所左右，最后取得了举世瞩目的成绩。

人要从没路的地方走出一条路来，不要泯灭了自己的个性，一味地模仿别人。那样只会迷失自我，连自己的命运自己都把握不了。“走自己的路，让人们去说吧！”我们对但丁的这句名言并不陌生。可是，我们在生活中是否信奉它，实践它呢？

要知道，在这个世界上，生活着60亿各自具有不同特质的人，在他们各自的生活轨迹中，至少也存有上亿种成功模式。当我们每一个人特定的优势与劣势、需要与理想是如此的与众不同时，怎么可能存在有一种放之四海而皆准的成功模式呢？

人生只属于自己，一味遵循他人的思想，不敢面对真理是懦弱的表现，这样的人生是悲哀的。我们应该成为主宰自己命运的人，走自己的路，走出自己的风格，走出自己的个性，我们的人生才会是独特的，才会是精彩的。而且，如同我们每一个人有不同的生活轨迹一样，每一个人对成功的定义也是截然不同的。成功的定义并不取决于你渴望的目标，而是取决于你达到目标后的满意程度。也就是说，每一个人都应该有自己的人生，有自己的成功之路，在这条成功之路上，都应该有属于自己的成功底牌，打拼出自己不一样的人生。

保持自我，不成为社会化的标准机器

古往今来，那些成大事者之所以成功，并不是因为他们具有超世之才，而是因为他们能够保持自我。在任何时候，他们都能够捍卫自己的人格，保持自己的本色。相反，那些随波逐流，见利忘义的小人，最终会被历史踩在脚下。一个人活在这个世界上，若是要想有所作为，就需要保持自我。保持自我，换句话说，就是走自己的路，让别人去说吧。

只要是你认为正确的事情，该做的事情，就不要在意别人怎么看待，不要被社会人所左右，本色出演，你才会将事情做成功。面对复杂的社会，保持自我至关重要，千万不要随波逐流，让自己成为社会化的标准机器。

人从呱呱坠地到长大，都有着自己的想法。但是，一旦进入社会这个大染缸，他们的心慌乱了，内心一直坚持的信念在动摇。本来，有棱有角的他们经过岁月的打磨，变得圆滑了，他们无一例外地成为了社会化的标准机器。

社会化的人，就是那些人云亦云，自己从来没有主见的人；社会化的人，就是那些随波逐流，从来不会为自己开辟一条路的人；社会化的人，就是那些一旦被质疑就服输的人，他们从来不敢为自己争取应有的权益。在社会的压力下，他们渐渐失去了自我，由于群体化的影响，他们变得如同车间里的机器一样，缺乏了应有的思考力和创新力。

保持自我意味着你将愉悦地接受自己，包括自己的判断力和思考力。在生活中，许多人总是抱怨“我真笨，这么简单的事情都做不好”“我怎么不像其他人一样呢”，在他们言语中充满着对自己的否定和遗憾。大多数人所拥有的就是好的吗？事实并不是这样，每个人都是独一无二的，你所需要的就是保持自我，不要让自己成为一个社会化的人。

“安能摧眉折腰侍权贵，使我不得开心颜”这是李白对黑暗的官场发出的呐喊，当时，出入仕途的李白并没有改变自己的立场去适应那腐朽的官场，而是保持了自我；“人生自古谁无死，留取丹心照汗青”面对严刑拷打，文天祥发出了仰天长叹，他用自己的鲜血和生命保持了自己伟大的人格。而那些没能保持自我的人，诸如卖国求荣的汪精卫，他曾因正义而去刺杀清朝官员，但后来却选择背叛国家，如此随波逐流、轻易改变自己的信仰，他的行为令世人不齿。

活跃于社会交际中，如鱼得水，这是每一个人的梦想。于是，越来越多的人成为了社会化的人，他们丢掉了内心最初的东西，诸如正义、善良、真诚。每天，他们变换着不同的面孔，让人分不清真假。可是，交际之后是什么呢？每当夜深人静的时候，他们遭受到心灵的叩问，自己为什么就变成了这样？所以，面对社会这个大染缸，保持清醒的头脑，保持自我的本色，千万不要让自己成为社会化的标准机器！

一个随着大流走，时时刻刻都在模仿别人的人是永远不会引人注意的，只有保持特立独行品格的人才能在竞争激烈的商界崭露头角、脱颖而出。这个真理不仅适用于生活中，在商场上同样如此。模仿别人的东西都是山寨版，只能流行于一时，终究会随着时间的推移淹没于时间这个巨大的洪流中。只有那些能够保持特立独行、生产自己商品的商家才能久经时间的洗练永不消逝。

别人不敢做的事情未必就是不能做的事情，别人都做的事情也未必就是正确的事情。别人没有想过的事情，不敢做的事情，你做了，那么你就有极大的可能脱颖而出，就会在别人没有看到这个商机的时候大赚一笔。

爱因斯坦曾说："想别人不敢想，你已经成功了一半。做别人不敢做的，你会成功另一半。"所以要想成功，别人走过的路只能借鉴，就像科学领域只能出一个爱因斯坦，商业上只能出一个洛克菲勒一样。

成功人士的那些事只能是给你的人生作参考的，他们的事情终究还是他们的，不能成为你的。这同样适用于商业领域，一个商家要想让自己的产品在琳琅满目的商品中吸引顾客的注意，就必须要有自己的特色，千篇一律的商品只会让人感到厌烦和麻木。所以商家就应该紧紧抓住顾客的心理，不断地另辟蹊径，不断地推陈出新，只有这样，才能占据商场上的至高点。

每个人都应该有一条自己该走的路，亦步亦趋的人，是不会得到人们欣赏的，只有特立独行才能吸引人们的注意。好多人不敢特立独行就是因为他们没有敢为天下先的勇气。

在社会上，特立独行的做事风格同样会独领风骚，尝到大大的甜头，好些人的成功就是因为他们能够想出别人不敢想的好主意，现在的社会是一个多元的社会，只有你想不到的，没有你做不到的。什么东西都可以拿来拍卖，就算是不值分文的东西都可以在有创意的人手中变得价值连城。

所以要想在商场上脱颖而出，赚取大量的利润，只有一条路可走，那就是走自己的路，保持特立独行的风格。成功是不可以复制的，任何成功者所走的路都是一条自己原创的路。

抛开自己的成见，删除自己的怯弱，自己的人生还得自己来书写，我们不要成为和别人一样的人。为什么不将自己的特色展现出来？为什么不让自己的优点长处凸现出来？既然不想被大众埋没，我们就得有自己的特色，就得有自己值得骄傲的地方。

潜意识的力量，会让你的命运因此变好

假如我们要想自己某种好的现象显现出来，并将积极的想法灌输到潜意识里，只需要时刻保持良好的心态，自然就会心想事成。生活中，多少人按部就班地生活着，他们最终被这个

社会所遗忘；而还有另外一些人则擅长天马行空地想象，而他们则成为了被历史所记住的人。

或许，大多数人所怀着的只是这样的想法“过平静的生活”“就这样吧，折腾什么呢”。少数人会想象：希望自己将来能像松下幸之助一样成为获得巨大成功的实业家，希望进入自己梦寐以求的公司，谋得一个称心如意的职位，等等。但是，最终，有的人能够实现自己的愿望，走成功的人生；而有的人却不管怎么努力就达不到自己的理想，过着不幸福的日子。

约瑟夫·墨菲说：“决定你命运的绝不是才能，更不是环境和外在条件，而是你的思考方式，即你的想法。”一个人要敢于摆脱陈旧的思想、循规蹈矩的思考方式，而是任由自己天马行空地想象，给予大脑和心灵以活力，在某个不经意的时候，你会发现自己真的会梦想成真。

克里斯托莱伊恩是英国一位年轻的建筑设计师，他很幸运地被邀请参加了温泽市政府大厅的设计。他运用工程力学，再根据自己的经验，很巧妙地设计了只用一根柱子支撑大厅天顶的方案。

一年后，市政府请权威人士对工程进行验收，对他设计的一根支柱提出了异议，他们认为，用一根柱子支撑天花板太危险了，要求他再多加几根柱子。伊恩却说：“只要用一根柱子便足以保证大厅的稳固。”他列举了相关实例加以说明，并拒绝了工程验收专家们的建议。

后来，伊恩的固执惹恼了市政官员，他险些因此被送上法庭。在万不得已的情况下，他只好在大厅四周增加了4根柱子。不过，这四根柱子全部没有接触天花板，区间相隔了无法察觉的两毫米。

时光如梭，岁月更迭，一晃就是300年。300年的时间里，市政官员换了一批又一批，市政府大厅坚固如初。直到20世纪后期，市政府准备修缮大厅的天顶时，才发现了这个秘密。

消息传出，世界各国的建筑师慕名前来，观赏这几根神奇的柱子，把这个市政大厅称作“嘲笑无知的建筑”。最为人们称奇的是克里斯托莱伊恩在中央圆柱顶端的一行字：自信和真理只需要一根支柱。

爱默生说：“相信你自己的思想，相信你内心深处认为是正确的。”对于权威，我们应该尊重，但是，过分地尊重有时会束缚自己的思考力，使得大脑与心灵丧失了应有的活力。许多人总是循规蹈矩地思考，那是因为他们对自己的不确定，他们不敢天马行空地想象。当然，信马由缰地思考，并不是盲目地思考，而是需要深厚的知识和经验积累作为其坚实的后盾。

约瑟夫·墨菲这样解释：“你衷心期盼的必将能够实现，最重要的莫过于思考方式，人生就是一天到晚自己想象出来的，人的一生，就是为自己思考的一生。”循规蹈矩地思考，你所过得不过是庸庸碌碌的生活；而信马由缰地思考，你可能会绽放出不一样的光彩。

在很多时候，决定我们人生命运的绝不仅仅是能力、环境和外在条件，更取决于我们内心的想法。当你有了某种信念，你的命运会因自己的想法而变得好或者坏，这本来就是一种潜意识的力量。

积极主动，现在就启程吧

有一篇文章《积极主动地做事》里有一句话：“现在动手吧！当你意识到拖延懒惰的恶习正在你身上显现时，你不妨用这句话警示自己。从任何小事做起都可以，并不是事情本身有多么重要，重大的意义在于突破了你无所事事的恶习。”

犹太商人做事总是采取积极主动的态度，这样不仅可以避免自己受到不必要的伤害，而且还可以主动创造有利于自己的环境。犹太人一致认为，主动的人不会坐等命运的安排或贵人的相助，自己的幸福和成功都掌握在自己的手中，这些东西都是要靠自己争取的，别人是给不了的，所以如果想占据主动，就得积极主动地做事。

现在社会上有很多人只是一味地空想自己究竟能有多优

秀，有多成功，完全不知道自己再怎么想都不如实际行动有用。在公司中，老板喜欢那些会主动做事的员工，因为他们不会夸夸其谈，到处吹嘘自己，而是经常俯下身子默默地做着自己应做的事。只有积极主动做事的人才不会犯眼高手低的错误，他们不会让老板操心，是老板的得力助手，这样的人才更有机会获得老板的赏识，也更有机会得到老板的提拔。

某天，一家公司面试新人的时候，主考官将10个应聘者叫到办公室里，然后指着一个柜子说："请你们想尽办法将这个柜子搬出去，给你们3天的时间考虑。"所有的人都觉得将这个柜子搬出去是不可能的，因为柜子是铁的，而且柜子的体积还挺大，这个柜子那么重，人怎么可能将它搬出去呢？三天以后，有9个人交了答卷，他们的想法也是五花八门，有的说用杠杆原理，有的说将柜子拆开……前9位应聘者都提出了自己的方案，只有第10个应聘者没交答卷。第10个应聘者是一个柔弱纤细的女孩子，只见她走进办公室，什么话也没说，直接走向柜子，一使劲就将柜子搬了起来，毫不费劲地将柜子搬了出去。所有的应聘者都惊呆了，原来"铁"柜子并不是用铁做成的，而是用泡沫做的，只是在其表面镀上了一层铁。面试的主考官就是想用这种方式来考验应聘者的实际动手能力。

且不管这个故事是真是假，它向我们阐释了一个道理，那就是只有积极主动做事，才能将事情办妥，只是一味设想，解决不了问题。人们在困难面前之所以会失败，很多时候并不是因为问题很难克服，而是因为人们被它的样子吓倒了。这个时候就更需要积极主动做事的习惯，有时候机遇往往就是用困难做伪装的。

积极主动做事的人在面对各种困境的时候，会保持一颗永远积极上进的心，他们不会因为不可预知的前景以及险象环生的过程，就将自己吓倒了。空想是解决不了问题的，一味地空想，根本就不切合实际，只有积极主动地调查实际情况，根据实际情况作出行动的计划，才能在最短的时间内解决问题。

现在的社会上有很多草根创业者，他们的一个好习惯就是积极主动地做事。他们在与客户、合伙人、投资人交往时始终是以积极主动的姿态出现的。他们积极主动地出击，即使遭遇挫折磨难，也始终保持积极主动的习惯，因为他们相信，成功会属于他们。

很多人之所以能成功，就是因为他们积极主动地做事，赢得了老板、客户的欣赏与器重，使他们有更多的机会获得成功。积极主动地做事不仅是他们富有活力的标志，而且也表示他们有一颗积极、乐观、向上的心。人只有积极主动地做事，才能成功。所以，遇到事情的时候，一定要记住，只有积极主动地做事，成功才会属于你。

巧妙引导，让对方甘愿支持你

对于无法改变的对方，不妨利用他们。人与人之间的相处，无疑是彼此思想的碰撞和交流。一千个读者就有一千个哈姆雷特，世界上没有两个思想完全相同的人，这也就注定了交流中会出现不必要的冲突和摩擦。而选择巧妙地利用对方，将其引入自己的思路，按自己的想法说话，那样自己的意见就能够轻而易举地得到对方的赞同，甚至在谈话中取得决定性胜利，让对方甘愿支持你。

美国经济学家罗斯福总统的私人顾问亚历山大·萨克斯，在1939年受爱因斯坦等科学家的委托，企图说服罗斯福重视原子弹研究，以便抢在德国前制造原子弹。尽管有科学家们的信件和备忘录，但罗斯福的反应冷淡，他说："这些都很有趣，不过政府若在现阶段干预此事，看来为时过早。"

罗斯福为表示歉意，决定邀请萨克斯于第二天共进早餐。早餐开始前，罗斯福提出，今天不许再谈爱因斯坦的信。萨克斯含笑望着总统说："我想谈一点历史。英法战争期间，在欧洲大陆上不可一世的拿破仑在海上却屡战屡败。这时一位年轻的美国发明家富尔顿来到了这位法国皇帝面前，建议把法国战舰上的桅杆砍掉，撤去风帆，装上蒸汽机，把木板换成钢板。但是，拿破仑却想，船若没有帆就不能航行，木板换成钢板，船就会沉没。他嘲笑富尔顿简直是想入非非，不可思议！结果富尔顿被轰了出去。历史学家们在评论这段历史时认为，如果当初拿破仑采纳富尔顿的建议，19世纪的历史就会重写。”萨克斯说完后，目光深沉地注视着总统。罗斯福沉思了几分钟，然后斟满酒，递给萨克斯，说道：“你胜利了！”

萨克斯终于说服了总统，揭开了美国制造原子弹的序幕。迂回地表达反对性意见，可避免直接的冲撞，减少了摩擦。如果你根本不抱着改变对方的想法，而是巧妙地把对方引入自己的思路，使对方按你的思路想问题，这样一来，对方更愿意考虑你的观点，而不被情绪所左右。因此，萨克斯最终在谈话中取得了胜利，也使世界科学开始向前迈了一大步。

我们每一个人都有着自己的一系列的观点和看法，它时刻支撑着我们的自信，同时它也是我们思考的结果。无论是谁，遭到别人直言不讳的反对，特别是当受到激烈言辞的痛击时，都会产生敌意，导致他们的不快、反感、厌恶甚至愤怒和仇恨，我们不是恰恰在利用他们的情绪吗？这时，我们何不迂回性地表达自己的意见，让对方按自己的想法考虑问题，这样一来，事半功倍，我们的意见更能被人所接受。

保尔·里奇是《芝加哥日报》的著名记者，有一次他有幸与胡佛在同一节车厢，这对他来说，这是一个采访这位著名人物的绝佳机会。但是他遭遇一个难题，里奇有好几次都把话题扯到了胡佛最感兴趣的事情上，想调动起胡佛说话的积极性，可胡佛那双机灵、暗蓝色的眼睛告诉他，他的努力是徒劳的，胡佛根本不感兴趣。此时的里奇面临着一个每个人都曾遇到过的难题：他想给一个比他年长，而且位高权重的知名人士留一个好印象，可这位知名人士对他一点兴趣都没有。在这种状况下，里奇该用什么方法才能让胡佛注意到自己呢？就在他束手无策时，他灵机一动，想到了一个在新闻采访中常常会用到的心理策略：对内行故意发表一些外行的错误看法，以此引发被采访人反驳的兴趣。

里奇说："正当我想要放弃时，上帝保佑，我对一件事情发表了一些明显错误的看法，而胡佛对这件事是很内行的。"

当火车正行经内华达州，里奇望着窗外那些寂静而凄凉的荒地和远处烟雾弥漫的群山说："上帝，没想到内华达州还在用锄头和铲子进行人工垦殖呢。"听了里奇的话，胡佛马上接着他的话开始侃侃而谈起来。

里奇正是通过自己的心理策略，故意对一件事情发表了一些明显错误的看法，引起胡佛反驳的兴趣，使得本来根本不想说话的胡佛开始对这件事情发表意见。里奇确定一个方向，引导着胡佛向自己的思路说话，最终里奇获得了第一手的新闻采访资料，出色的完成了一次采访。"对内行故意发表一些外行的错误看法，以此引发被采访人反驳的兴趣”，这不仅是新闻采访中所用到的心理策略，也是平时我们在谈话中可取的技巧。

往往直接的改变方式会免不了产生一些不必要的摩擦和冲突，因此，采用迂回的方式，利用对方，巧妙把其带入自己的思路，让对方按自己的思路想问题。这样一来，彼此交流没有障碍，没有阻隔，更多的是理解和包容，那么就更易得到对方的支持。

我们身边，总有反对的声音

大部分的古人伟人都曾遭受许多人的蔑视，但正是这样的过程，才造就了这些人的伟大与明智。我们活在这个世界上，首要目标就是为了实现自己的价值，而并不是为了求得所有人的认同甚至拥护。在我们身边，每个人的思维和行为方式都不一样，总会有一些跟自己合不来的人，他们有可能会对我们的言行进行冷嘲热讽，其实这都是极为正常的。

因为在这个世界，任何人都不可能赢得所有人的心，在我们的朋友圈子以外，总会有那么几个人，心生嫉妒，不怀好意地望着我们。不论我们怎么努力，我们都不可能让所有的人成为自己的朋友。

在这样的情况下，我们需要忍耐那些非朋友的冷嘲热讽，在忍耐中变得淡然，既然他丝毫不会理解你，那么他的冷嘲热讽对你而言，也是毫无意义的，就好像是盘旋在头顶上的嗡嗡叫的苍蝇一样。

对此，我们根本没有必要花很多时间和精力去悲伤或是愤怒，赢得好人缘固然是一种幸运，但有时候我们内心仅满足“得一知己”。这样想来，对其他人的冷嘲热讽，我们就没有必要为之生气，而是淡然笑之，在忍耐中修炼自己，淡定从容，努力实现自我的人生价值。

一个人如果总是患得患失，太注重别人的态度，并将自己的得失建立在别人的言行上，那自己怎么会开心呢?

林肯当选总统的那一刻，整个参议院的议员都感到十分尴尬，因为当时美国的参议员大部分都出身望族，他们自以为是上流优越的人，从没想到过所面对的总统竟然是一个出身卑微的人，因为林肯的父亲是一个鞋匠。

当林肯站在讲台的时候，一位态度傲慢的参议员站起来说：“林肯先生，在你开始演讲之前，我希望你记住，你是一个鞋匠的儿子。”顿时，所有的参议员都笑了起来，为自己可以羞辱林肯而开怀大笑。这时，林肯不卑不亢地说：“我非常感激你能使我想起我的父亲，他已经过世了，我一定会永远记住你的忠告，我永远是鞋匠的儿子。我知道我做总统永远无法像我父亲做鞋匠做得那么好。”所有的议员陷入了沉默，这时，林肯对那位傲慢的参议员说：“就我所知，我父亲以前也曾经为你的家人做鞋子，如果你的鞋子不合脚，我可以帮你改正它，虽然我不是伟大的鞋匠，但是我从小就跟父亲学会了做鞋子这门手艺。”

然后，他再一次扫视全场的参议员，说道：“对参议院里的任何人都一样，如果你们穿的那双鞋子是我父亲做的，而它们需要修理或改善，我一定尽可能地帮忙。但是有一件事是可以确定的，我无法像他那么伟大，他的手艺是无人能比的。”说到这里，他流下了眼泪，顿时，全场爆发出热烈的掌声。

对于参议员的冷嘲热讽，林肯选择了忍耐，他只是道出了父亲的伟大，正是这一点，打动了所有在场的议员们。别人对自己冷漠，嘲讽自己，那并不意味着自己的价值毫无存在；别人看轻了自己，没有关系，只要我们自己看重就行了；如果别人肆意侮辱，而那些侮辱的言辞是毫无根据的，不要生气，你只需要采取置之不理的态度，在忍耐中淡然面对，这样才会越发体现你超凡的人格魅力。

任何人想要成功，跟着大众走是行不通的，只有走出一条真正适合自己的路，才能在商场上不断成功。特立独行的人要有敢为天下先的气魄，畏首畏尾不敢前进的人是不会在商场上有很大成就的。一味地模仿别人，跟着别人的脚步走，只会拾人牙慧，成不了气候，商机早就丧失了，模仿的人又那么多，怎么可能还有很多的利润等着他去赚呢？

对于自己的所做作为，别人要是嘲讽，那就让他嘲讽好了，又何必在乎一个自己原本不在乎的人所说的话呢？如果对方没看清楚事实，那根本就是这个人的损失，与自己无关。我们应该学会忍耐，并在忍耐中看淡那些所谓的冷嘲热讽。

第06章

迎新而行，拓荒前人没有走过的路

人在追求成功的路途中，最大的藩篱就是自我设限。自我设限是通往成功路途中最大的绊脚石，即使是成功人士也难免会被自我设限所羁绊，更不要说普普通通的我们了。我们要敢于突破自我设限。迎新而行，拓荒前人没有走过的路。

成功的最大藩篱就是自我设限

人在追求成功的路途中，最大的藩篱就是自我设限。自我设限是通往成功路途中最大的绊脚石，即使是成功人士也难免会被自我限制所羁绊，更不要说普普通通的我们了。犹太人强调的是人要突破自我限制，所以犹太人可以到达别人到不了的高度，可以享受别人无法享受的生活。

自我限制是人给自己造的一间心灵上的房子，四面全是铜墙铁壁，自己的心就这样被困在了里面，根本就出不去。自我限制困住了人们所有的能力，羁绊了人们前进的脚步，一些人甚至连去尝试的信心都没有，就这样将成功不断拒之门外。一些成功人士之所以能不断取得成功，就是因为他们不会为自我设限。

一个美国人、一个法国人和一个犹太人同时被关进监狱3年，监狱长在他们服刑之前，大发慈悲，说可以满足他们每人一个愿望。美国人要了3箱雪茄；法国人喜欢浪漫，要了一个漂亮的女子；而犹太人要了一部可以和外界沟通的电话。3年后，美国人先出来，他鼻子里、嘴巴里、耳朵里全是雪茄，并使劲喊：“给我火。”原来他只记得要烟忘了要火了。法国人一手抱着孩子，一手握着老婆的手，老婆另一只手也领着一个孩子，肚子里还怀着孩子。而犹太人兴奋地跑出来，对监狱长说："谢谢你，我的生意不仅没有破产，而且还赚了200%，现在我也满足你一个愿望，说吧，哪怕是要一辆劳斯莱斯我也给你。"

这个笑话估计很多人都不陌生，正是因为犹太人没有将自己局限在只有几平方米的监狱里，才能不断将自己的事业推向成功。如果犹太人也将自己局限在与世隔绝的世界里，自我设限，也许笑话就不这样引人思考了。或许犹太人会经不起时间的煎熬，因为整天担心自己的事业，最后急火攻心，抑郁而死。

只有突破自我限制的人才能发挥出巨大的潜力，创造出无穷的财富，在事业上不断取得成功。在这方面，世界上最富有的民族，犹太民族就做到了，犹太民族在二战的时候遭受了重创，但即便如此，他们也始终没有将自己定位于永远受人欺负的地位，他们没有为自己设限，不断为自己寻求新的定位。

犹太人自《圣经》出现以来就一直只有受苦的份儿，但是上帝并没有遗忘他的这群子民，于是他将获取财富的智慧赐予了这些子民，犹太人追求财富的智慧全世界无人能及，他们在追求财富的路上，从来不会告诉自己"这件事好像不容易办成""这件事的确有难度""估计自己得搞砸了"。他们不允许自己这样懈怠，不允许自己不成功。在他们看来，世界上的事只有想不到的，没有做不到的，自己肯定能完成所要完成的任务。

自我限制扼杀了人们很多的才能，它将人们局限在一个狭小的圈子里而无法突破。所以，人只有突破自我限制才能成功。然而想要突破自我限制就要经常鼓励自己，哪怕不用言语，只要在内心给自己加油鼓劲就可以了，把“我不行”这3个字从你的词典中剔除吧！就是因为它，你丢掉了无数展现自己才华的机会，失去了很多提升的机会；就是因为它，你才整天默默无闻，碌碌无为。是时候突破自我了，不在今朝，更待何时?

创新思维，才能让你取得成功

人要想取得成功，就得在做事的时候有创新的思维。一个人没有创新的精神，就会让自己一直固守在旧有的思维定式中，没有任何的进步。如果一个企业没有创新精神，就会一直止步不前，直到渐渐地被其他企业淘汰。犹太人在经商的过程中发现，人只有拥有创新的精神才能不断地取得成功。

无论是在自己的经商实践中，还是在平时的工作生活中，犹太人都具有很强的创新能力。而创新的基础是要有一颗好奇心，只有具有好奇心的人，才会具有创新精神。一个对任何事都感到习以为常的人，是无法从熟悉的事物中发现新事物的。

人只有对某件事情具有好奇心，才会不断地研究下去。没有好奇心的引导，人根本就谈不上创新。犹太人在做事的过程中，善于打破常规，不会因循守旧、墨守成规。这也为他们带来了很多机会。犹太人的想法是人是活的，其他没有生命力的制度法律都是死的，只要有弊端，人就可以进行改变。如果用常规方法不能解决问题，就应该用创新的思维方式思考，改变以往解决问题的方式，或许很快就能将问题解决了。

小小的创新往往孕育着无限的商机，成功和失败有时候仅仅就在一个小小的条件上。成功需要有不断地创新精神和创新能力，只有这样才能不断取得成功，一个固守陈规旧习的公司是不会有大前途的，创新是事业的翅膀，只有创新，事业才能突飞猛进。一些人习惯走别人走过的老路，认为这样既节省时间，又能提高工作效率，殊不知这样的路只会让自己越走越窄，更有甚者可能将自己的未来都毁在模仿他人的做法上。

创新不是不切实际的一味空想，也不是闭门造车，而是要在原有的基础上进行适当的改造和创新。创新是一个国家富有生命力的标志，是一个民族不断前进的保障，是一个人不断走向成功的阶梯。在现代社会没有创新的精神和理念，一味地按照原来的套路走，这样的结果只能是越来越难走。市场的竞争如此激烈，总有一天，你会在别人的创新中走向末路。经过二战的磨难，犹太民族不再将眼光局限在原来的层面上，他们知道自己要想在短时间内积聚财富就得靠创新精神，就像那位犹太父亲教导儿子的那样，一加一等于二，这只是我们一般人看到的结果，如果想以创新取胜，你看到的东西就得比别人看见的长远、有前途。将自由女神像的废料加工成有价值的东西，只有有创新精神的人才能在这一堆废料中看到巨大的商机。这就是成功人士和一般人的不同之处。

一天，物理学家、工程师和画家三个人想比比谁的智商高，他们各说各的厉害之处，但是谁也不服谁，于是他们决定进行一场比赛，以此来评判三个人谁的智商更高。他们为此找来了一个裁判，让他出个题来考考大家。于是，考官将他们带到了一座高楼下面，并且给他们每人一个气压计，让他们用气压计测出这座高楼的精确高度。比赛的规则是不管用什么方法，只要能测出楼的高度，且方法最有创新性，就是赢家。物理学家用气压计先测出了楼下的气压，又爬到楼顶上，测出了楼顶的气压，然后他根据气压公式算出了楼的大体高度。工程师不慌不忙地爬上了楼顶，探出身去，看着手表的秒针，然后让气压计自由落下，他准确地记住了气压计下落的时间并根据自由落体公式算出了楼的高度。工程师和物理学家在等着看画家的笑话，因为他们不相信画家还有什么公式可以运用。只见这位犹太画家非常镇定，他想自己既然用平常解决问题的方式无法将问题解决，那么只好用别的办法了。于是，他敲响了楼下看楼人的门，向他询问楼的高度，报酬就是自己手中的气压计，看楼人告诉了画家楼的准确高度。比赛的结果自然可想而知，当然是画家赢了。

物理学家和工程师因为气压计的存在，忽视了其他解决问题的方式，被气压计和自己的学识束缚住了思维，而画家却能跳出这些固有的思维方式，用创新的思维方式来思考解决问题的新方法，这就是他能够取胜的原因。

许多科学上的发明就是这样诞生的。我们在日常的生活中也应该学会用创新的思维方式解决我们所遇到的问题，在解决问题的时候，多问问自己，只有一种解决问题的方式吗？难道就没有更好的解决办法了吗？变换一下思考问题的角度，或者变换一下思考问题的前后顺序，或许我们就会从熟悉的问题中，找出更有效的解决问题的方法。

只要智力正常的人都会有创新思维，只是很多人的创新思维一直处在未觉醒的状态，等着自己将其唤醒，这就需要不断地进行思维训练。在平时解决问题的时候，不要只让自己的思维停留在原有的解决问题的方式上，不断地锻炼自己的创新思维能力，我们就会发现其实很多问题都有更好的解决方式。只要持之以恒地锻炼，在不远的将来，我们的生命轨迹也许会因此而改变。

打破思维定式，找出创造性的方法

思维定式是一种束缚人思维的惯性思维模式，常人很难将其打破。运用思维定式，我们就可以解决一些类似的问题，不用再费劲地去想什么解决办法了，思维定式可以让我们触类旁通，举一反三，在学习上非常有用。但是，思维定式也有许多弊端，有些时候人们会被思维定式束缚在一个圈子内，有些人不仔细研究新遇到的问题和以往的问题有什么区别，只是一味地按照以往的方式去解决问题，这样就会导致失败。

似乎思维定式已经将人们的想象力、创造力全部扼杀了。人们因此会丧失许多创新的思考方法，同时也会因此而失去很多的成功机会。犹太人与其他民族的不同之处就是他们善于打破常规，善于打破思维定式，从而找出更具创造性的方法。

犹太民族是一个很特别的民族，他们创造了许多世界第一，如第一个在全国范围内建立其销售网等。在商业领域，只要谈到犹太人，人们就会有说不尽的话题，这不仅是因为他们拥有高超的赚钱能力，还因为他们拥有独特的思考问题、解决问题的办法。犹太人不会被思维定式所束缚，他们有创新的思维，敢于打破常规。下面这个例子，或许能让我们体会到犹太人是如何突破思维定式的。

一个犹太人走进一家银行，来到贷款部，慢慢地坐了下来。贷款部的经理一边打量着这位先生的穿着——名牌的西服、高级的皮鞋、昂贵的手表，还有镶嵌着宝石的领带夹，一边问道："请问先生有什么事吗？""我是来借贷的。""请问先生要借多少钱？""1美元。""1美元？"贷款部的经理吃惊地问道。"嗯，不错，就是1美元。可以吗？""当然可以，只要你有担保。""这些担保可以吗？"这位先生边说边拿出了所有的珠宝和债券，"总共是50万美元。""先生，像您这种情况，可以借三四十万的。为什么您仅借1美元呢？""是这样，在来你们这家银行之前，我去过几家公司，他们的保险费都很贵，只有你们这儿的担保费便宜，一年才需6美分。"

这就是犹太人打破思维定式的举动，不想交不菲的保险费，可是还得保证自己财产的安全，于是他想到了用担保的方法将自己的财产担保出去，这样既可以省下一笔高昂的保险费，同时还能保证自己财产的安全，鱼和熊掌可兼得。这就是他们闻名世界的原因。

思维定式束缚了人的头脑，左右了人的思维，羁绊了人的步伐，这就是很多人无法创新的原因。只有敢于创新的人才会创造出骄人的成绩。无数犹太人在自己的事业领域创造出令人艳羡的成绩。不论是商业领域，还是学术领域，杰出的人才都是数不胜数，爱因斯坦、马克思等杰出的学者，就是因为具有创新的意识，才在他们精通的领域中为人类的进步作出贡献。

无论做什么事，都应该有打破思维定式的意识。思维定式不是一两天形成的，同样，也不是一下子就能打破的。思维定式有利有弊，关键还是在于自己的判断。当思维定式的确可以帮助你的时候，它会让你事半功倍，可是，当思维定式不适合你的时候，就可能成为你的障碍了。犹太人在从商的过程中，已经将自己锻炼到可以遇山就绕的境界，就是因为他们有敢于创新的精神和行动，所以犹太人不会循规蹈矩、固步自封。

当今社会处于一个大变革的时代，一个人如果固守着旧观念，就不会有什么突破，永远也不会做出什么惊人的成绩。现在，要想在社会上取得成功，就得敢于打破思维定式，不要老是在一种方法上打转，方法不当就赶紧更换，否则，等你转过弯来，早就被人捷足先登了。

要想成功，就得敢于向陈旧的观念发起挑战，就得敢于向思维定式说不，我们的社会与以往不同，世界在变，人们看待它、接受它的方式也得变。否则，下一个出局的就是你！

问题是思维的起点，启动人们思考

问题是思维的起点，是思考的动力，一切新的发明都是从有问题开始的。因为有了问题，人们才会主动去思考，才会想尽办法将问题解决。科学上就是因为有了问题，才促使各项发明层出不穷，为人类的生产生活带来诸多便利。犹太民族就是一个善于提出问题的民族。

犹太人非常重视知识，更加重视问题意识的培养，他们把仅有知识而没有才能的人比喻为“背着许多书本的驴子”，他们认为思考比学习知识更加重要。学习应该以思考为前提，如果没有思考、没有问题，知识的学习也只能是表面的学习。

正如孔子曾教育弟子说：“学而不思则罔，思而不学则殆。”犹太人对知识和思考的见解与孔子的思想不谋而合。犹太人认为，思考是由一连串的问题组成的，思考越多，问题就越多，对知识的理解也就越深。知道得越多，你的疑问也就越多，你提出好问题的概率也就越大，你就更容易获得成功。

著名的数学家希尔伯特就是一个善于提出问题的人，他在1900年第二届国际数学家大会上作了题为《数学的问题》的报告，一举提出了23个问题。这些问题，后来被称为“希尔伯特问题”。它们的提出有力地促进了数学的发展。后来，希尔伯特总结道：“如果一门科学分支能凝结出大量的问题，它就充满了生命力。如果问题缺乏，则预示着独立发展的衰亡或终止。”

爱因斯坦说：“提出一个问题往往比解决一个问题更重要。因为解决一个问题也许仅仅是一个科学上的实验技能而已，而提出新的问题、新的可能，以及从新的角度看旧的问题，则更需要有创造性的想象力，而且标志着科学的真正进步。”只有能够经常提出问题的人，才能找出解决问题的新方法。犹太人深知提出问题、找到好方法的重要性，于是一些新的发明、新的成就在犹太民族中不断产生出来。

问题是从生活中提取出来的，是从一系列的实践中发现的。犹太人就是一个不断从实践中提出问题，又不断将问题解决的民族。犹太民族的这种做法不仅为他们迎来了学术上的繁荣，同时也为他们创造财富提供了条件。

作为一家五金商行的小职员，犹太人汤姆只想当一名称职的员工。他们店里的生意不是很好，有很多积压的产品，因为已经过时了，所以根本就没有人过问这些产品，老板非常忧心。汤姆想，反正也不指望这些商品挣钱了，为什么不将它们贱卖出去？于是，他就将这个想法告诉了老板，老板听到这个主意后，非常满意，因为他也很想将这些过时产品推销出去，放在库房里既占地方，还让人看着堵心。于是他接受了汤姆的建议，将这些过时的商品摆到一张大台子上，每样都标价10美分，让顾客可以自己挑选喜欢的产品，人们一听这么便宜，立刻将这些商品抢购一空。于是老板就将更多的过时商品摆在了台子上，很快积压已久的过时商品就销售完了。汤姆觉得这就是一种销售策略，于是他建议老板将这个点子用在店内所有的商品上，但是老板担心这样做会让自己赔本，没有接受他的建议。于是汤姆决定自己单独开一家这样的五金店，他找来合伙人，经过努力，终于建立了自己的全国连锁店，赚取了大量的利润。汤姆原来的老板见汤姆取得这样的成功，非常后悔自己没有听他的建议。

汤姆的成功就是因为他能提出新问题，并通过自己的思考找到问题的答案。他没有被传统的营销方式所束缚，而是找到了另外一种解决问题的方式。“每件商品的标价都是10美分”，虽然很多商家不看好这种营销方式，但是汤姆却用自己的实际行动证明了这种营销方式的可行性。

在我们的生活中，如果只会按照以往的老路走，没有任何创新思想，一些新的发明就会在你的忽视中与你擦肩而过。遇到问题多问自己几个为什么、是什么，不要总是依照以往的经验解决，否则你的创新能力就会被扼杀在思想的摇篮中。

犹太民族是一个不断追求创新的民族，他们的创新能力，是在不断提出新问题，并不断试验新的解决办法的过程中练就的。科学上，很多人就是因为少问了一个为什么，而与一些重大发明失之交臂，当这个新发明被别人研制出来的时候，自己只有后悔的份儿了。很多时候，不是你想不出好方法，而是你根本就没有想过。一个民族只有在不断地创新中才能生存下去。而创新需要的是思考，需要的是不断发现问题、提出问题的能力，还有不断寻求新的解决办法的能力。

看似冷门，实则暗藏机遇

现在社会上什么生意好做，其实不能简单地主观评定。有些生意看着是冷门，可能也存在着巨大的商机，有时候冷门生意做起来，甚至可能比热门生意还火。犹太民族中有些人就是瞅准了冷门中的商机发了大财的。有时候，成功需要的就是这种另类思维。

犹太“商经”中有这样一个奇怪的论点：“冰几乎不能用来换取任何东西，而几乎不用任何东西却能换取冰。反之，钻石几乎没有使用价值，然而却往往需要用大量的其他货物来换取它。可见我们对于财富的某些观点有时是错误的。”根据犹太“商经”的理论，只要你有经济头脑和经营意识，即使在大家看来分文不值的东西，你也一样可以依靠它成为富翁。犹太商人图德就是这样凭借冷门生意成功的商人。

1783年，图德出生于波士顿一个普通的家庭。图德的3个哥哥都毕业于哈佛大学，家里一直期待他能继承这一传统，但是他对这种生活不感兴趣。13岁时，他放弃学业，学做香料生意。1805年，图德参加了堂兄德纳举办的一个宴会，宴会中他和堂兄开玩笑地讨论了从附近的弗雷什庞德将冰运到南部各港口的可能性，冰在那些港口可以卖高价。此后，图德一直在思考将冰运往各大港口的可能性，他还亲自用船将冰运往马丁尼克岛。图德还一直在研究如何取冰以及可以隔热的材料，他甚至将这些写成了《冰窖日记》，书中有成功人士的创业风范。经过了无数的坎坷，图德的生意终于逐渐兴旺起来。19世纪20年代中期，图德的生意很好，但是仍要坚持奋斗。在此期间，每年约有3000吨的冰用船从波士顿运出，而其中三分之二的冰是他运出的。竞争在加剧，为了能在竞争中占据更加有利的地位，图德不断降低自己的成本，以便击败竞争对手。到19世纪中期，图德的“冰王”地位已经牢固建立。1856年，图德用船共运了14.6万吨的冰到菲律宾、中国、澳大利亚及美国南部各州等地。图德就是这样依靠谁也不重视的冰发了大财。

图德的成功为我们树立了榜样，有些时候，冷门的东西未必就是不能赚钱的东西，人们随处可见的东西，可能就蕴藏着无限的商机，等待有心人去发现并开发。有些时候，开发冷门未必是很难的事情。冷门具有强大的广泛适用性，无论什么人，都能找到一门适合自己的冷门行业。当你在前进的旅途上遇到无法克服的困难时，你可以变换一下思维，冷门的生意可能会在这时候帮助你渡过难关。冷门的生意会让你少许多的竞争者，让你能安然走过独木桥。

精明的犹太人能够在冷门中看到成功的希望，所以很多成功人士都是通过冷门取胜的。做冷门生意需要人有强大的意志和坚定的信心，因为任何成功都不是一蹴而就的，而是有一个慢慢积累的过程。冷门是一种机遇，同时也是一种挑战，想要驾驭它，你必须得付出一定的精力。冷门带给人们的是巨大的利益，冷门生意做得好，终有一天，会成为热门；热门过热，从事的人太多，有一天也会变成冷门。

超前意识，会在黑暗中看见曙光

人贵有超前意识，拥有超前意识就是能够对未来某行业在现有的条件下会发生什么样的转变作出预测，从而对资金的使用、资源的分配作出适当的调度，使自己能够赚取大量的利润。这与我们的古话“凡事预则立，不预则废”意思相通。作为金融界的翘楚，犹太人更是将其视为赚钱不可或缺的技能之一。如果拥有超前意识，你就能在危机到来之前作好准备，在危机到来时就不至于手足无措了。

犹太人有强烈的超前意识，他们能从昨天的历史、今天的现实中发现明天的未来，发现明天的发展趋势。比如，实业家蒙德，在人们已经习惯每天工作12小时的时候，首先实行了每天8小时的工作制度，并创造了更高的工作效率。犹太人有一句名言：“别人在睡觉的时候，我们在快速前进。”这就是精明的犹太人能够不断聚拢钱财的奥秘。

超前意识会让你在黑暗之中看到黎明的曙光，会让你在心情极度低落的时候看到胜利的希望。超前意识依靠人类眼光的指引，超前意识会让商人在第一时间统领全局，步步为营，

主动地引导世界的潮流。只有具有超前意识的人，才能在竞争中立于不败之地，才不会被时代淘汰。犹太商人的超前意识让全世界的人瞠目结舌。犹太商人很早以前就得出重要的商情信息——世界上有两大行业会经久不衰，这就是关于女人的行业和食品行业。于是他们在这两个行业上投入了很多的精力，并因此收获了丰厚的利润。至今世界上这两大行业也是犹太人操纵大权。我们不得不佩服他们这种超前的意识和视角。犹太人对教育业也有一种超前的意识，他们很早就意识到金钱是不能带走的东西，只有知识会永远伴随人的一生，所以他们在很久以前就已经扫除了文盲，而当时，全世界还有无数的人是文盲，这不能不让我们佩服他们的超前意识。

生命的价值和质量是由我们自己决定的。三年前你的思想和行动决定了你今天的生活，同样，你今天的思想和行动也会决定三年后你的生活，这些都是息息相关的。如果你有超前的意识，今天的你想着明天的你，今年的你想着明年的你或者后年的你，你就会与身边的人不同，取得巨大的成就。

一些有成就的犹太人，就是凭借自己的超前意识在社会上独树一帜、独领风骚的，他们能够根据当下的形势分析出未来。超前的意识和思维，能帮他们尽早地作出预测，采取行动，从而把握未来，让他们成为事业上的先行者。

哈同是一位富有传奇色彩的犹太商人。1872年，21岁的哈同从印度来到香港谋生，但未有成果。于是，1873年，他又来到上海滩。他最初只是想在沙逊洋行做普通职员，后来，哈同凭借着自己的聪明才智渐得赏识，逐渐步入洋行的上层。1886年，他与罗迦陵结合，更是让他如虎添翼。哈同认为房地产在以后肯定会大有前途，于是他在房地产业发展起来，渐渐地变成了上海房地产界的领军人物。哈同控制着上海房地产的行情，在地产行情的潮起潮落中，无数的财富流入他的腰包。1931年6月27日的上海《时报》载文："哈同以敏捷的手段，一忽儿卖，一忽儿买，一忽儿招租，一忽儿出典……先生转移地皮操奇取胜，则其价日涨，至有行无市。"这就是哈同超前意识的真实写照，正是哈同的超前意识使他不断地赚取财富。

犹太人事业上的成功是很复杂的，但众多的因素中少不了超前意识。因为有超前意识，他们就不会将自己禁锢在以往的条条框框中，他们会寻求新的解决办法和解决途径，实现创新。很多成功人士的经验就是走一条自己的道路，往往他们在某行业中占得了先机，狠狠地赚了一笔之后，人们才会注意到这个行业的赢利高，并蜂拥而至，这时候先行者就会逐渐退出这个圈子，寻找下一个生财之道。这正是他们的超前意识所带来的好处。

有些“小聪明”，往往可以带来大收获

“小聪明”一般会被人理解为贬义词，要小聪明就是投机取巧，不按正常的规则办事。其实，要小聪明未必就是一件坏事，有些时候，小聪明也会变成大智慧。别具匠心的小聪明，在关键的时候，也能为你带来巨大的财富。有的人经常会注意一些小的生活细节，他们在这些小细节中运用自己的小聪明，使其变成了发财的大智慧。

美国著名的休斯顿公司，董事长休得曼总是别出心裁地想出很多巧妙的招数去满足客户的需求。休得曼将这种别具匠心的小聪明也用在了消费者买东西的习惯上，他总是能在大千世界里找到发挥他聪明的地方。以往商家卖东西的习惯是“买一送一”，这是常见的商品促销形式。休得曼有一家生产清洁剂的公司，他们刚生产的产品是能清洗机动车机件上的油污的一种清洗剂，生产后就用箱式车拉到各个机动车修理店去销售，但是销售的结果很不理想。后来休得曼想到一种聪明的销售方法，将以往商家的买一送一反过来用，就是买一件很小的东西，赠送一件很大的东西。于是他将清洗剂和机件清洗机一起卖，就是买一瓶清洗剂送一台机件清洗机，结果清洗机的多功能性逐渐得到使用厂家的赏识，这种手段收到了很好的效果，创造了全州500多个机动车修理厂家都安上了这样的机件清洗

机的纪录。表面看来，休得曼的公司亏损了500多台清洗机的钱，其实不然，因为三年后，清洗剂的销售价格超过了500多台清洗机的价格。后来，休得曼又想到将废旧的清洗机回收，将其加工成新的清洗机之后，再推向市场。这招又为公司赚取了大量的利润。短短的10年间，休得曼利用自己的小聪明为公司赢得了上亿美元的利润，给休得曼家族创造了高达百亿美元的资产。

休得曼成功的秘诀是将自己的小聪明经过独具匠心的运用后变成赚取大量财富的大智慧。有些人对这种小聪明不屑一顾，他们追求的是能够一下子就赚大钱的大智慧。休得曼用自己的成功经验为这些人上了一课：小聪明用得好，一样会成为赚钱的大智慧。

虽然有时候小聪明不见得能上大台面，但是小聪明却似一种润滑剂，经常能在名不见经传的地方发挥其意想不到的功效。犹太人不会将小聪明和大智慧分得那么清楚，在他们看来，只要能让自己赚到钱，到底运用的是什么招数，他们才不会去计较呢！

别具匠心的小聪明也是可以变成大智慧的。一位犹太出版商有一批滞销书，他在想尽办法后，决定送给总统一本，并屡次去征求意见，总统忙于政事，根本就没有时间看，便随口说了句“很好呀”，于是这个商家做广告说“现有总统爱不释手的书出售”，结果书全部售罄。后来，他又出了一本书，于是他故伎重施，这次总统准备看他的笑话，就说“这本书不好看”，出版商做广告的时候就说“现有总统讨厌的书出售”，结果书又全部售罄。他第三次这样做的时候，总统有了前两次的经验，一句话也没说就将其扔在了桌上，于是出版商做广告时就说“现有总统难以下结论的书，欲购从速”，结果书又一次销售一空。

出版商就是凭借自己的小聪明将书全部卖光的，他没有运用什么大智慧，运用的只是商人的小聪明，在一次次的广告中，我们可以看出他的智慧，如果他一直沿用以往卖书的方法，也许这些书永远也不会被卖光。出版商正是凭借自己的小聪明狠赚了一笔。

世界上的事情随时在变，大智慧有大智慧的长处，小聪明有小聪明的优点，小聪明未必就是耍手段，它只是特殊场合下的一种小智慧。不少犹太人就是凭借这种小智慧不断积累大量财富的。所以，不要瞧不起小聪明，独具匠心的小聪明有时候也是人生的大智慧，尤其是在商场上。

第07章

心宽路自宽，命好不如心态好

心宽路子宽，命好不如心态好。所谓“心量就是福量，心宽就会路宽”，生活中，每个人好像就是海的一朵小浪花般渺小，人活一世就是要心阔，不要看不开，心要放宽，与大海比较，这样我们的人生之路才会越走越宽。

对他人的羞辱，置之不理

在生活中，我们首要的目标是为了实现自己的价值，而不是为了求得所有人的认可。在我们身边，每个人的思维和行为方式都是不一样的，总会有一些跟自己合不来，他们有可能会对我们的言行进行羞辱，其实这都是极为正常的。因为我们不可能赢得所有人的心，在我们的朋友圈子以外，总会有那么几个人，肆意羞辱着我们，不怀好意地看着我们。不管我们怎么去做，我们都不可能让这样的人对我们的言行进行赞赏。

对此，对于这些人的羞辱，内心强大的我们需要看得开。当然，不予理睬才是最有力的回击，如果我们心不甘情不愿，打算与其较真，那最后吃苦头的是我们自己。既然那些羞辱我们的人是丝毫不会理解我们的，那他的羞辱对于我们而言，那就是毫无意义的，它们就好像盘旋在我们头顶上嗡嗡叫的苍蝇一样，我们可以不予理会，它自然会飞向其他的地方。所以，看开他人的羞辱，不要花太多的时间和精力去生气、愤怒，我们所需要的是知己，而不是这样一些惟恐天下不乱的人，因此，扩大内心力量，在淡然中忍耐，看开来自他人的一切羞辱。

别人羞辱自己，那并不意味着自己的价值毫无存在。别人看轻了自己，没有关系，只要我们自己看重就行了。如果别人肆意羞辱，而那些羞辱的言辞是毫无根据的，不要生气，不要看不开，你只需要采取置之不理的态度，在忍耐中淡然面对，这样才会越发体现你超凡的人格魅力。

1897年5月6日，维克多·格林尼亚出生在法国瑟儿堡的一个有名望的资本家家庭。当时，他的父亲经营了一家船舶制造厂，有着万贯的家财。在格林尼亚童年时期，由于家境的优裕，再加上父母的溺爱和娇生惯养，使得他在瑟儿堡四处游荡，盛气凌人。那时候，他没有理想，没有志气，根本不把学习放在心上，整天梦想着成为王公贵人。由于他长相英俊，当地的那些美丽的姑娘，都愿意与他交往。

但是，在一次午宴上，一位刚从巴黎来到瑟尔堡的波多丽女伯爵竟然毫不客气地对格林尼亚说："请站远一点，我最讨厌被你这样的花花公子挡住我的视线！"这句话就好像针扎一般刺痛了他的心了，刚开始，他为这句话而自卑、疯狂、偏执，但不久之后，他就醒悟了。他开始悔恨自己的过去，产生了羞愧和苦涩之感，他决定发奋学习，发誓一定要追回过去所浪费掉的时间，而每当自己的灵魂和肉体麻木的时候，他就用这句话来刺痛自己。后来，他决定远离家乡，临走之前，给家人留下了这样一封书信："请不要探询我的下落，容我刻苦努力地学习，我相信自己将来会创造出一些成就来的。"

格林尼亚来到了里昂，拜路易·波韦尔为师，通过两年刻苦的学习，他终于补上了过去所落下的全部课程。后来，他进入里昂大学插班就读，在上大学期间，他赢得了有机化学权威菲利普·巴尔的器重，在巴尔的帮助下，他将老师所有著名的化学实验重新做了一遍，并准确纠正了巴尔的一些错误和疏忽之处，就这样，这些大量的平凡实验中诞生了格氏试剂。

格林尼亚就好像打开了科学的大门，他的科研成果不断地涌现出来。基于其伟大的贡献，1912年，瑞典皇家科学院授予其诺贝尔化学奖。这时，他收到了那位波多丽女伯爵的贺信，里面只有一句话：“我永远敬爱你。”

波多丽女伯爵话语的羞辱，竟然成为了格林尼亚前进的动力。虽然，刚开始听到这样的语言，他也自卑、疯狂、偏执、较真过，但很快他就醒悟了，他觉得自己应该看得开，那就要忍耐这些羞辱，而且应该发奋努力，做出卓越的成绩。果然，当格林尼亚获得了诺贝尔化学奖，那位曾经羞辱自己的波多丽女伯爵只说了一句话“我永远敬爱你”。

一个人如果总是患得患失，太注重别人的态度，并将自己的得失建立在别人的言行上，那自己怎么会开心呢？对于自己的所做作为，别人肆意羞辱，那就让他羞辱好了，又何必在乎一个自己原本不在乎的人所说的话呢？如果对方没看清楚事实，那根本就是这个人的损失，与自己无关。我们应该学会忍耐，看得开，给予对方最有力的回击。

始终站立于失败和骄傲中的临界点

古人曰：“胜者不骄傲，败者不气馁。”在生活中，当我们赢得成功的时候，决不可骄傲；而当遇到挫折与失败之后，也决不能气馁。不管我们遭遇了什么样的结果，都应该看得开，因为成败皆非终点，退一步就是晴天。我们应该明白，成功只是一时的，失败也是不可避免的，成功者不应该表现得自己好像是常胜将军，而失败者不应该失去进取的信心。

如果你总是成功后骄傲自满，而在失败后垂头丧气，自暴自弃，这就是看不开的心态，这样的心态是不应该有的，我们应该做到“胜不骄，败不馁”，戒躁戒躁，努力寻找自身的优点和缺点，强化自己，努力做到心平气和地来面对成功和失败。在生活中，任何事业都有可能受挫，虽然为事业奋斗的人是伟大的，但那些在失败面前能再次抬头前进的人才是值得尊敬的。

俗话说：“失败乃成功之母。”其实，我们所遭遇的每一次挫折或冲突，都带着同样或较大的有利的机会，挫折可以增长我们的经验，经验则能够丰富智慧。所谓“胜不骄，败不馁”，明智的人决不会坐下来为失败哀嚎，他们一定会积极地寻找办法进行挽救，企图获得再一次的成功。

年轻时候的富兰克林很骄傲，有一次，一个工友把富兰克林叫在一旁，大声对他说：“富兰克林，像你这样是不行的！凡是别人与你意见不同的时候，你总是表现出一副强硬而自以为是的样子，你这种态度令人觉得如此难堪，以致别人懒得再听你的意见了。你的朋友们都觉得不同你在一起时比较自在些，你好像无所不知、无所不晓，别人对你无话可讲了，他们都懒得来和你谈话，因为他们觉得自己费了力气反而感到不愉快，你以这种态度来和别人交往，不去虚心听取别人的见解，这样对你自己根本没有好处，这样你从别人那里根本学不到一点东西，但是实际上你现在所知道的却很有限。”富兰克林听了工友的斥责，讪讪地说道：“我很惭愧，不过，我也很想有所长进。”“那么，你现在要明白的第一件事就是，你已经太蠢了，现在还是太蠢了！”这个工友说完就离开了。

这番话让富兰克林受到了打击，他猛然醒悟了过来，他开始重新认识自己，与内心作了一次谈话，并提醒自己：“要马上行动起来！”后来，他逐渐克服了骄傲、自负的毛病，成为了著名的科学家、政治家和文学家。

如果我们仅仅在赢得了一次小小的成就之后，就翘起了骄傲的尾巴，那我们最后所遭遇的绝对会是失败。在案例中，听了工友的话，骄傲的富兰克林意识到了自己的缺点，并开始重新认识自己，逐渐克服了自负的毛病。最后，他真的迎来了人生的成功。

有一只小雁，曾经得过幼雁百米短飞赛的冠军，从此它就变得骄傲起来，不再参加飞行操练。同伴叫它一起去练习，它不但不去，反而把它们讥笑一番。

很快，冬天到了，雁群要远迁到南方，小雁很想出风头，就离开了雁群，使劲地往前飞，第二天就飞不动了。这时，暴风雨来了，小雁被击落在湖边。当小雁离队伍越来越远时，它才认识到了自己的错误，就但它并不气馁，它坚定地表示："我一定要赶上去！"于是，它开始了追赶雁群的坚信旅程。在飞行的途中，它的翅膀又痛又累，它忍受着；身子疲软乏力，它忍受着；伤口红肿发炎，它还是忍受着。这时，它脑海中只有一个念头：一定要回到队伍里去！终于，通过一些小动物的帮助以及它自己的努力，它终于回到了队伍里。

从此以后，它再也不骄傲自满了，而是踏踏实实地参加飞行训练。

小雁经历了骄傲之后的失败，也经历了从失败中重新站起来。失败了，退一步，或许你就会成功。在生活中，我们何尝不是这样的经历呢？但令人惋惜的是，多少人都像那幼小的小雁一样，赢得了一点成绩就骄傲自负，但在失败后，他们却停止了前进的脚步。对于骄傲，人们承受得住，但在失败面前，人们往往像那斗败的公鸡一样垂头丧气。

失败和骄傲中间有一个临界点，当一个人赢得成功之后，如果他只是骄傲自满，那他很有可能马上所面临的就是失败；反之，当一个人遭遇失败之后，如果他能够及时地寻求方法进行补救，那他很有可能会再次成功。在这个世界上，除了心理上的失败，实际上并没有什么失败，只要不是一败涂地，那就一定会赢得胜利。

缺憾，恰似另一种不经意的完美

天气如何风和日丽，也免不了留下随风的尘埃；人生如何得繁花似锦，却害怕迷失了壮阔的胸怀。其实，在这个世界，难有完美，人生当容不足之时。生活中，有不少自称“完美主义者”的人，他们不管对人还是对事，都是高标准、严要求，力争尽善尽美，即使做得十分出色，依然不能满意这样的结果。当然，在完美主义的促使下，他们往往会给自己设定远大的目标，并为之不断努力奋斗。

其实，有一个成语叫做“物极必反”，当我们过分追求完美的时候，实际上已经陷入了一个病态的心理，心理学家说：“完美主义者，都有这样、那样的健康问题，比如，沮丧、焦虑、忧郁、饮食紊乱、容易自杀等。”完美是一种理想的境界，我们可以无限度地接近完美，但永远不可能达到完美。

追求完美并不是健康的心理状态，心理学家曾做过一个实验：他们向大学生被试描述两个人，他们都有很强的能力，都有崇高的人格。但其中一个从来不犯错，另外一个有时会犯点小错误。要求被试回答：这两个人哪一个更可爱呢？结果，绝大部分被试者说那个有时会犯点小错误的人会更可爱。

有一天，国王来到花园散步，当他看到花园里的景象的时候，不禁大吃一惊。前些日子还绿意盎然的花园变得十分荒凉，美色早已不在。带着满腹疑团，国王询问了园丁："究竟发生了什么事情啊，怎么花园会变成这样？"

园丁叹息着说："我尊敬的国王啊！这是因为橡树想要追求十全十美，想要跟松树一样高大，所以死了；松树追求十全十美，想要跟葡萄一样能结出果实，所以也死了；而葡萄希望自己也能十全十美，像橡树一样直立，因此也死了；至于其他的植物花卉，也都是因为追求十全十美而死去了。所以，花园终于因此而渐渐荒凉了起来。"

听了园丁的话，国王陷入了沉思，一会儿，不经意抬头之间，他发现了花园里的草地依然生机蓬勃，不禁好奇地问园丁："为什么其他植物都枯死了，只有这一片草地依然绿意盎然呢？"园丁微笑着说道："这是因为小草们并不想成为松树、橡树、葡萄或者其他植物，它们知道自己的价值是什么，所以也只想做它们自己而已。因为这样的想法，所以，它们自然就生机蓬勃，绿意盎然！”

其实，完美并不能与优秀划等号，前者总是懊恼不成功，后者却总是享受成功与快乐。生活中，不要将完美当成自己的束缚，从而让自己失去快乐。断臂维纳斯成为世界女性艺术美的典范，就是因为无臂。实际上，维纳斯原作是有手臂的，只是因为成了碎片，无法修复。后来，许多人试着帮她装上双臂，但却发现有臂的维纳斯反而不如无臂美，就没有安上双臂。无臂维纳斯可以让人想象出维纳斯双臂的各种美的姿态，假如她有完美的双臂，反而会让人觉得单调无味。

有位油画家曾说：“天池是不能画的，太蓝，太绿，画出来像假的。”生活本来就是不完美的，总会有许多不如意和不开心的事情，只要把握住我们能把握好的就可以了。对生活不要太苛刻，要看得开，凡事开心才是最重要的。如果凡事要求自己做得十全十美，每天处心积虑地生活，那是一件身心疲惫的事情。

生活中，不必过分追求完美，如果你想做好一件事情，讲究的是成功，只要你尽了力，而且达到了预期的目的，那就没有必要去追求所谓的完美。当我们做好一件事情之后，可以反思，也可以总结经验，千万不要因一点小小的缺憾而自责，如果你因过分追求完美而陷入自责的怪圈中，那你还有精力去做好这件事吗？

成大事者不沉浸在过去痛苦中

哲人说：“挫折造就生活。”凡是能够成大事者，他们都必须经得起挫折的历练，经得起失败的打击，因为成功需要风雨的洗礼。一个人要想成功，就应该有意识地培养自己的忍耐力，而不要在失败的阴影中自哀自怜。

挫折与失败就好像是一块石头，对于那些内心脆弱的人而言，它是一块绊脚石，那块石头让他们止步不前；而对于内心极具忍耐力的人而言，它就是一块垫脚石，它会让你看得更远，站得更高。

一个人若是经不住失败，受不了生活的洗练，那他只会沉浸在失败带来的痛苦之中，他除了不断地抱怨，别无他法，在他们心中，没有希望，也没有前进的方向。实际上，挫折从来都不是绊脚石，在经受失败和挫折的过程中，锻炼了我们受挫折的忍耐力，而我们从失败中汲取的经验和教训将成为我们再次赢得成功的有力保证。一个想成大事的人，应该不畏惧失败和挫折，不会沉浸在失败的痛苦中，他们看得开失败，自然容易成功。

一位少年自认为看破了红尘，放下了一切，想出家，于是历经了千辛万苦找到了隐藏在深山里的寺院，他要求见方丈，他认为自己只有在这里才能真正地洗去城市的繁华与浮躁。方丈仔细打量着少年，问道："做和尚要独守孤灯，终身不娶，你能做到吗？"少年坚定地回答："能。"方丈又问："做和尚要每日三餐粗茶淡饭，粗衣薄挂夏热冬寒，你能忍受的了吗？"少年回答说："能。"方丈又问："做和尚要无欲无求、无怨无恨，不问恩情，不记仇恨，无论任何时候都要心如明镜不染尘埃，你能做到吗？"少年斩钉截铁地说："能。"然后，方丈问了一些关于佛法的东西，少年都能作出很好的回答。但是，最后，方丈拒绝了少年出家的请求，而是把少年送下了山。临走时，方丈留下了这样一句话："未曾拿起莫谈放下，当你真正拿起时，你再回来告诉我你还能不能放得下。"

真正的看开一切，应该是"无欲无求，无怨无恨，不问恩情，不记仇恨，无论任何时候都要心如明镜不染尘埃"，而这一些需要强大的忍耐挫折的能力。没有真正地经历过失败，自然就没有足够的忍耐力，失败一旦降临，少年便冲动地想要逃避整个现实世界，想来在他心中还是有怨气，所以，他的请求遭到了方丈的拒绝。

一个对未来有追求和抱负的人，他们总是视失败为动力，将失败当成他们走向成功的一块跳板，他们从来不去抱怨那些挫折，也从来不去埋怨别人，更不会与自己斗气。因为他们比谁都明白，失败是人生的一门必修课，自己是否能顺利毕业，决定于内心是否有强劲的动力。

当然，失败并不是不可挽救的，它有一定的必然性，因此，即便我们遭遇了失败，也不要与自己斗气，不要怨天尤人，埋怨只会无限地扩大失败带来的破坏性，它只会让我们越来越堕落。面对失败，我们所需要做的就是不畏惧，直面失败，将“败气”“怨气”通通咽下，将生活中的每一次失败当成是一次考验，那我们就一定能战胜失败，从而再次赢得成功。

不经历挫折的人生是空白的

曾任美国副总统的戈尔曾说：“自古以来的伟人，大多是抱着不屈不挠的精神，在逆境中挣扎着奋斗过来的。”在人生这条充满荆棘的泥泞路上，我们常常会遇到这样或那样的挫折与困难，然而，只有我们努力走过去了，在那泥泞的路上才会留下我们清晰的脚印。古人曰：“白糖尝尽方谈甜，百盐尝尽才懂咸。”与河流一样，如果人生不经受历练，那就显得单调、幼稚。甚至，我们可以这样说，不经历挫折的人生是空白的。

或许，我们并不知道前方有多少的挫折在等着我们，但是，有一点是很明确的，那就是这些挫折是不可避免的。在挫折面前，我们的力量是有限的，但挫折却是层出不穷的，当我们战胜了一个挫折，又会有更大的挫折在等着我们，人生就是这样一个不断前进的过程。

鉴真和尚刚剃度时，住持让他做了谁都不愿做的行脚僧。

一天，日已三竿，鉴真依旧大睡不起，且床边堆满了破破烂烂的芒鞋。

住持叫醒鉴真问：“你今天不外出化缘，堆这么一堆破芒鞋做什么？”

鉴真埋怨道：“我刚剃度一年多，就穿烂了这么多的鞋子，我是不是该为庙里节省些鞋子了？”

住持一听明白了，微微一笑说：“昨天夜里落了一场雨，你随我到寺前的路上走走看看吧。”寺前是一座黄土坡，由于刚下过雨，路面泥泞不堪。住持捻须一笑：“你昨天是否在这条路上走过？”鉴真说：“当然。”住持问：“你能找到自己的脚印吗？”鉴真十分不解地说：“昨天这路又坦又硬，小僧哪能找到自己的脚印？”住持又笑笑说：“今天我俩在这路上走一遭，你能找到你的脚印吗？”鉴真说：“当然能了。”住持听了，微笑着拍着鉴真的肩说：“泥泞的路，才能留下脚印啊！”

人生的道路总是充满泥泞的，不可能是平坦的，不过我们想要留下有价值的脚印，就一定要走过泥泞不堪的道路。那些一生碌碌无为的人，不经历挫折和坎坷，平平淡淡过一生，到最后什么也没留下。而那些经历了风雨和坎坷的人，在泥泞路上不断前行，所以走过去，他们就留下了清晰的脚印。人生只有经历了坎坷，不畏挫折，生命才会如此深刻。

小时候，妈妈总是这样说："你能做到，玫琳凯，你一定能做到。"玫琳凯女士不仅将这句话作为自己的座右铭，而且将这句话作为公司的理念来激励更多未来的女性。玫琳凯坦言，自己创建公司的想法是在遇到了一些挫折之后才真正开始的。

玫琳凯女士曾在直销行业工作了25年，当时，她已经做到了全国培训督导。但是，眼看着自己的一位男下属都得到了提拔，而且薪水将是自己的两倍。玫琳凯女士毅然决定辞职，实现自己的一个理想，她说："我建立公司时的设想是想让所有女性都能够获得她们所期望的成功，这扇门为那些愿意付出并有勇气实现梦想的女性带来了无限的机会。"然而，在创业之初，她经历了多次失败，也走了不少弯路，但是，她从来不灰心、不泄气，反而这样诙谐地解释："挫折是化了妆的祝福。"最后，她创建了玫琳凯公司，玫琳凯女士这样说道："从空气动力学的角度看，大黄蜂是无论如何也不会飞的，因为它身体沉重，而翅膀又太脆弱，但是人们忘记告诉大黄蜂这些。女性就是如此——只要给她们以机会、鼓励和荣誉，她们就能展翅高飞。”

曾国藩说：“吾平生长进，全在受挫受辱之时，打掉门牙之时多矣，无一不和血一块吞下。”如果经不起挫折，受不了历练，凡事看不开，我们将沉埋在痛苦的生活里，永远没有希望，也没有前进的方向。

其实，挫折带来的并不全是坏事，它能使我们的人生绽放出最美丽的成功之花，而从挫折中汲取到的教训将是我们迈向成功的垫脚石。

挫折是一门生活必修课，但是这并不是说挫折是不可战胜的，挫折的必然性让我们在遇到它时就没有必要怨天尤人。因为挫折不具备不可战胜性，所以，面对挫折，不必畏惧，迎难而上，直面挫折，把生活中的每一个挫折都看做是上天考验我们的一次机会，只要心中怀着必胜的信念，对自己说：“我能行！”那么，我们就一定能战胜挫折，采摘成功的果实。

凡事想开一些，快乐就会不请自来

人生苦短，岁月匆匆，对每个人而言，想不开无济于事，远不如想得开使人笑逐颜开。在生活中，有的人官运亨通，顺利得让人觉得不可思议，旁人看来怎能不眼红、不来气，这就是想不开。

我们也可以从另外一个方面去想，当多大的官就得负多大的责任、操多大的心，即便自己当不上官，也可以省心省力多活几年，日子虽然清贫，但却活得踏实，不用担惊受怕，开开心心多活几年。

有人占你便宜，不要生气，想开一些，让他三尺又何妨；有的事情吃亏了，不要烦恼，所谓“吃亏是福”。想得开是一件不容易的事情，也是一门学问，也是思想斗争。想想：他人山珍海味，我有清茶淡饭；他人有花园别墅，我有安身之所；别人漂洋过海，我也能看小桥流水；别人旅游休闲，我自有一壶绿茶，偷闲半日。想开一些，内心就强大一些。想得开，便可以活得轻松快乐，活得一点也不累。人生在世，想不开的事情天天有，想得开就心胸坦荡、海阔天空、开开心心、快快乐乐。

有一位美国的农夫，他经过了多年工作的努力之后，终于用自己存起来的钱买了一块价格便宜的田地。可是他买地之后，心情就十分低落。因为他买的那块土地非常贫瘠，根本不适合种植任何农作物，甚至连干粮作物都长不出来。除了一些矮灌木响尾蛇，其他什么东西都无法活在这片土地上。

他整日为这件事忧虑着，后来他想到了一个主意，能把这个负担变为资产，挫折变为机会。于是，他不顾身边人们诧异

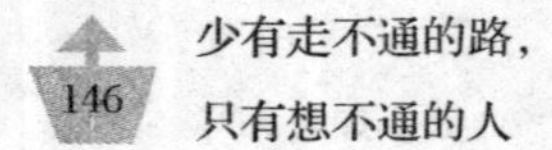

的眼光，开始捕捉地上的响尾蛇，又去买了些机器来生产响尾蛇的罐头。就这样下去，几年之后，他的农庄变成了当地十分有名的观光景点，每一年平均就有两万名观光客前来参观。

后来，这位美国农夫的生意越做越大了。他把响尾蛇的毒液送往美国实验室作血清，而响尾蛇的蛇皮则以高价售出，用来生产女人的鞋与皮包，然后再把蛇肉装罐卖到世界各地。于是，他们村的邮戳都改为“佛罗里达州响尾蛇村”，来对这位“看得开”的农夫表示致敬。

那位美国的农夫看见自己用所有积蓄购买的土地一片荒芜的时候，他并没有马上放弃它。而是思考怎么把这一片贫瘠之地利用起来，于是他针对土地上盛产响尾蛇这样的特点，于是开始制造罐头，并且还可以把响尾蛇的毒液、蛇皮都利用起来，最终使自己取得了巨大的成功。

上天开始只是给了他一个酸柠檬，但是他却没有因柠檬的酸苦就扔了它，他是思考怎么把一个酸柠檬榨成柠檬汁。最后，他不但把柠檬榨出了甘甜的柠檬汁，还榨出了比原来更多的柠檬汁。他的成功主要就是在于看得开，他那乐观、积极向上的心态使他最终取得了成功。

同一件事，想开了就是天堂，想不开就是地狱。我们的麻烦多半来自于自私、贪婪，来自于妒忌、攀比，来自于自己对自己的苛求。大多数人想改变这个世界，不过却很少有人想改造自己。对一件事情的看法，往往反映出一个人内心真正的态度。

若是看得开，带着一个好心态去看待原以为没什么意思的事，结果肯定会有意想不到的效果；你带着笑脸面对他人，你见到的肯定也是一张张的笑脸，而假如把恶劣的心态强加于人，必然会受到恶劣的反馈。

想得开，怀着好心态，心情就会随之改变；有了好心情，态度也会随之改变；有了好态度，习惯也会随之改变；有了好习惯，性格也就会随之改变；有了好性格，人生也会随之改变；有了好人生，我们才会真正拥有快乐。要想有好心态，就必须凡事想开一些。

第 08 章

心无杂念才是真正的平常心

人生只有短短几十年，又何必太计较得失进退？一切看开一些，少一些欲望，也就少一些失望，多些满足。看得开，说起来轻松，做起来却很难，因为现实社会的诱惑不经历一番灵魂的拼搏，又哪里抵挡得住，只有心无杂念才是真正的平常心。

抓住失意的机会，再次东山再起

我们虽不奢望人生一帆风顺，不过总希望人生的路是笔直一道的，尽管中间会遇到什么困难和挫折，不过始终是在前进——不走弯路，不停留在原地、不浪费时间。然而这样的生活就好像是电影一般，意外总是在不经意间出现，其中最让人难以接受的是，往往不是失败和挫折，而是无能为力的煎熬，这就是失意时的感觉。

所谓失意，不是一场巨大挑战后的失败，而是根本没有挑战你的机会，不管自己所处的现状在别人眼里看来是好是坏，但在自己看来都是没有希望的牢笼。

虽说，失意时的落寞时刻是一种如地狱般的煎熬，但在这时更需要自我反省，为什么自己会落到失意的境地？除了时运不济，是否应该去寻找一些主观上的原因呢？成功者总会抓住失意时的机会，自我反省，总结失败的经验和教训，然后有一天东山再起。

和田一夫21岁那年，自己经营的位于静冈县热海家的蔬菜水果店被一场大火烧毁，和田一夫几乎失去了所有，但是，失败并没有让他放弃希望，他将烧成平地的100坪土地拿去做抵押，借钱买了块300坪的土地盖了一个超级市场，开创了日本八百伴。超级市场在和田一夫的经营下，发展越来越好，这时，和田一夫想带着自己的超级市场进军亚洲，而新加坡成为了进入亚洲的起点。

1972年，和田一夫和日本野村证券公司第一次考察新加坡市场，然而，就在新加坡，他碰到了两件令自己苦恼的事情：第一，新加坡租金太贵，完全超出了自己的预算之外；第二，在新加坡期间，和田一夫无意中听到一位的士司机告诉他一段日本杀害新加坡人的国仇家史。对此，和田一夫说："对日本百货公司来说，70年代是一个必须面对历史的时代。"回到日本后，和田一夫告诉了董事们这两件事，结果董事们纷纷表示反对投资新加坡。但是，和田一夫明白"零售业成功的因素是要消费者口袋里装着钞票"，于是，在70年代初期，和田一夫在新加坡开辟了第一个亚洲市场。1976年，受世界石油危机的冲击，巴西八百伴被迫关门。通过这次教训，和田一夫领悟到："不该死守一个地方，要大胆调动资金，分散资产。"紧接着，八百伴从东南亚"流通"到了中国台湾、香港，以及中国大陆。80年代末期至90年代初期，整个亚洲经济处于全盛时期，和田一夫的八百伴集团在16个国家（地区）拥有了400多间百货公司，八百伴集团坐上了世界零售业第一把交椅。

1997年，和田一夫在日本负责掌管日本八百伴公司的弟弟，因被指控欺骗日本财政部而被法庭判定有罪，当时也判定和田一夫结束所有海外企业，回日本受审。当时，日本媒体称和田一夫将资金调动到中国，拖累了日本八百伴。顿时，一夜之间，和田一夫变成了一个连累八百伴股东和员工的罪人。这时，和田一夫做出了决定，宣布“自我破产”，交出所有财物，向企业界告别，搬到一个租来的房子里。

如今，和田一夫成立了“和田一夫企业咨询公司”，他的日常工作就是用电脑给许多企业家回答问题，为企业团体作演讲。同时，他以探讨自己的失败撰写了《从零开始的经营学》，这本书成为了日本经典著作之一。对此，和田一夫这样说：“失败是我的财富，我想将这个企业咨询网络像当年八百伴一样伸展到亚洲，甚至全世界。”

在每一个失意的背后，往往隐藏着宝贵的经验与信念，实际上，失意本身就是人生自省的课题，它是一笔不可缺失的财富。尽管当我们遭遇失败、挫折的时候，都会感受到失意时的煎熬，但是，假如自己长时间深陷失意的情绪中难以自拔，不懂得自省，那失意还是会找上你，失败则会成为你的代名词。

美国著名心理学家贝弗利·波特认为，当一个人在工作中的失败感大于他所取得的成就感时，就很有可能对自己的工作失去热情，而当这种失败感以一定的频率固定出现的时候，他就很容易对自己的工作产生倦怠。所以，在人生失意的时候，我们需要的是自我反省，不断积累失败的经验，让失败成为一笔财富，而不是自甘堕落、自暴自弃，藏起来独自抚慰失意的情绪。

失败并不可怕，失意的情绪也并不可怕，可怕的是因此沉浸在失意的痛苦煎熬之中。面对失意也要反省人生，也要昂首挺胸，也要懂得努力，这样我们才会迎来未来的胜利。人生的成功需要环环相扣，每一个阶段的终点意味着你达到了新的起点。假如我们把人生的每一个失意都当做是上天的考验，当做是人生不断反省的课题，那人生真的会给我们一次次重来的机会。

在人生道路上，成功没有巅峰，追求也没有止境。短暂的得意往往会束缚人们前进的手脚，一时的辉煌也往往会消减人们的斗志。而失意中的自省，让人痛心更催人奋进，既让人难堪也让人坚定，让人们在放弃时能鼓足勇气，想逃避时拾起自尊。失意是得意的前奏，是一笔财富，能够让人不断地反省自己，在低谷中抓住机遇，不断冒险与尝试，最终获得成功。

豁达心态，事事皆会如意

我们常说的一句话是“万事如意”，这样的祝愿总是美好的，一如人们的愿望、期望和憧憬，一如人们的理想、幻想和梦想。不过，在现实生活中，每个人的生活却不可能事事顺心、事事如意。在人生的旅途中，我们每个人必须面对的是健康、婚姻、家庭、事业、声誉、金钱、权势。

人们总希望自己健康，少生病，不生病；希望自己长命百岁，永远年轻、漂亮、潇洒；希望自己读一个好的大学，找一份好的工作，最好是事业有成，飞黄腾达；希望获得很多的金钱，过上锦衣玉食的日子；希望有一段美好的姻缘，有个温馨的家庭，孩子聪明可爱，老公温柔体贴。然而，这只是“希望”，现实往往事与愿违，俗话说“人生不如意十之八九”，我们常常是那不如意之人。

1991年11月7日，当时32岁的NBA名将“魔术师”约翰逊在湖人记者招待会上宣布退役，因为他感染了艾滋病病毒。19年过去了，约翰逊依然积极地活着，用中国的一句话说：人生不如意十之八九，又何必跟自己过不去呢？

感染艾滋病病毒之后，约翰逊一直接受鸡尾酒疗法，将自己的病情控制在稳定的范围之内。他是3个孩子的父亲，同时也是一位丈夫，在家人的陪伴与支持下，他重新投入到工作当中，管理着一个不小的商业王国，资产比退役时增加了将近20亿美元。2001年，约翰逊成立了魔术师约翰逊发展公司，拿下了洛杉矶城市里一块没人要的土地，建造了魔术师约翰逊剧院。后来，他说服了众多大商家入驻，并逐渐使其形成一个新的商业中心。2006年，约翰逊大胆收购了一家著名的连锁餐厅。可以说，即便退役之后，他自己的事业也是风生水起。

除了经商之外，约翰逊把所有的时间都投入到篮球和公益活动之中，他曾经担当一家电视台的NBA嘉宾主持，常常参加以篮球为主题的公益活动。虽然直到今天他也没摆脱艾滋病的困扰，但是他却乐观地说："我从来没有把自己当病人，我感觉好极了。我庆幸自己还活着，尽管遇到了人生太多的不如意，但是我活着，我要告诉那些患有艾滋病的人，要自强不息，要积极面对每一天。"

疾病和灾难的发生都是没办法预料的，这些来自人生旅途上的不速之伴，常常会让我们对生活失去信心。但是，心态乐观的约翰逊坚持了过来，尽管人生给了我们太多的麻烦，我们也要笑着接纳，感恩生活，这样我们的生活才会变得越来越如意。

一位太太身患全身性风湿病，每到刮风下雨就疼痛难忍，后来老伴得了脑溢血，卧床不起，吃喝拉撒全靠她照顾。再后来孩子们也下岗了，因为嫌家里穷，儿媳妇也跑掉了，儿子伤心欲绝之下做事精神恍惚，有一天在横穿马路时被车撞死，这一系列的事情，好像天灾人祸都认得她家里的路，然后一股脑儿砸下来。

这种令人绝望的日子落到任何人头上都难以接受，但令人惊奇的是，她竟然挺了过来。在人们纷纷佩服她拥有超强毅力的时候，她只说了这样的话："凡事看得破才有得过，我只是比别人看得开一些而已，要不然一天也活不下去了。"

人生不如意何止十之八九？当一个人倒霉的时候，喝凉水都会塞牙。然而，对上天赐予的灾难，我们又怎么应对呢？心态，好的心态，简单地说，就是看得开，这是一种乐观的生活态度。大仲马曾说：“人生由一串串烦恼的念珠组成，乐观的人是笑着数完它的。”人生充满着各种不如意的事情，挫折与困难随处可见，是积极地应对还是消极地承受，完全取决于你的心态。

我们应该记住，那些不如意之事是人生的一部分。在生活中，我们每个人都会面临各种各样的烦恼：工作上杂乱的事，身体上偶然出现的疾病，感情上的磕磕碰碰，等等。面对这些不如意的事情，我们总是惊慌失措，想逃避，想躲到没人的地方偷偷疗伤。然而，烦恼却总是如影相随，让人无法彻底甩掉。生活的不如意一个接着一个，当你按下了葫芦，却浮起了瓢，烦恼与快乐本是孪生姐妹，只不过当快乐到来时，我们不会厌恶而已。但是，假如遇到不如意之事，我们也要一样看开，让所有的烦恼都成为自己人生韵律的一部分，以豁达、从容的心态对待，那事事皆会如意。

为了生存，为了活得更好，面对人生不如意之事，我们要看得开。看得开是对人生中所遇的灾难与伤害作最大限度的避让，是一种强大的心理承受力的体现。然而，看得开并不是消极地回避：人活一世，草木一秋，生不带来，死不带去，及时行乐，这是随波逐流；是非成败转头空，纵使大富大贵也难免一死，成功与平庸到头来都是一样，这是不思进取；自己反正不是成材的料，再努力也是为他人作嫁衣，这是破罐子破摔。

真正的看得开，是保持善良的本性、博大的胸怀、开阔的视野、沉着应对的能力，人生需要看得开，这样我们才能使艰辛的路上有一缕温馨的阳光，才能使艰苦的人生旅途充满快乐的向往。

熬过痛苦和疲惫，重新扬起生活的风帆

吕坤在《呻吟语》中这样写道：“在遭遇困难的时候，内心却居于安乐；在地位贫贱的时候，内心却居于高贵；在受冤屈而不得伸的时候，内心却居于广大宽敞，就会无往而不泰然处之。把康庄大道视为山谷深渊，把强壮健康视为疾病缠身，把平安无事视为不测之祸，那么你在哪里都不会不安稳。”人生中的失意只是暂时的，这是上天为了给我们更多考验的机会，只要熬过失意的痛苦与疲惫，我们就可以重新扬起生活的风帆。

在生活中，一些人一旦遇到了什么不如意的事情，就觉得自己倒霉了，走到人生的绝路了，他们开始自暴自弃，甘愿被失败打败，最终他们成为了一个彻头彻尾的失败者。其实，这

些人是被失意的情绪蒙蔽了自己的眼睛，他们浑然忘记了明天的太阳还会升起，他们终日沉浸在失意的痛苦中，最后也被这痛苦所吞噬。

王太太是一位视孩子为自己生存意义的人，不过在她大儿子上小学三年级，小儿子上小学一年级的时候，灾难突然降临到她家里。丈夫因交通事故死亡，而且还被法庭判成了施害者，为此，她只得卖掉房子和土地来赔偿。

最后王太太带着两个孩子背井离乡，到处流浪，好不容易得到一家人的同情，把一个仓库的一个小角落租借给她们母子3人居住。在不大的空间里，王太太铺了一张席子，拉了一个没有灯罩的灯泡，一个炭炉，一个吃饭兼孩子学习两用的小木箱，还有几床破被褥和一些旧衣服，那是他们全部的家当。

为了维持生计，王太太每天早上很早就离开家，先后去几处打零工，回到家里已经半夜了。于是家务的担子就落在了大儿子身上，生活非常艰苦，王太太哪能忍心让孩子这样艰难地熬下去呢？她想到了死，想把两个孤独无依的孩子也带走。

有一天，王太太泡了一锅豆子，早上出门前，她写给大儿子一张纸条：“锅里泡着豆子，把它煮一下，晚上当菜吃，豆子烂了时少放点酱油。”

这天王太太干了一天的活，实在累了，失去了活下去的勇气，她偷偷买了一包安眠药带回家，打算当天晚上和孩子们一起去死。回到家，她打开房门，见两个孩子已经睡了，在枕边放着一张纸条：“妈妈，我照您的话去做，认真地煮了豆子。不过，晚上盛出来给弟弟当菜吃的时候，弟弟说太咸了，没法吃，他只吃了点冷水泡饭就睡觉了。妈妈，实在对不起。不过，请妈妈相信我，我确实是认真煮豆子的。妈妈求求您，尝一颗我煮的豆子吧。妈妈，明天早上不论您起得多早，都要在您临走前叫醒我，再教我一次煮豆子的方法。妈妈，您今天一定很累吧，我心里明白，妈妈是在为我们操劳。妈妈，谢谢您，不过请妈妈一定要注意自己的身体，我们先睡了，晚安！”泪水从王太太的眼里夺眶而出，她看着熟睡的孩子，毅然放下了死的念头，因为她还有许多的东西支撑自己活下去。

失意时人们总想着放弃，他们被一时的痛苦所蒙蔽，浑然看不见人生中如花般的美好。王太太所遭受的打击是致命的，一个弱女子，还带着两个需要照顾的孩子，如何活下去？失意的她看不到希望，也等不到谁来帮助自己，唯有靠自己。假使心态稍有偏差，她就会选择结束自己的生命。然而，是孩子那几句乖巧而懂事的话，让她看到了活下去的希望：孩子这么小，都在坚强地伴我生活，我呢？当然是更应该承担起做妈妈的责任，积极向上，努力活着。

失意的情绪是折磨人的：低落、痛苦、沮丧。稍有不慎，我们就会被这样的情绪牵着鼻子走，在失意的情绪中自暴自弃，绝望地把自己的生命往悬崖上推，最后毁灭自己。当我们遭遇失败，产生失意的情绪是难以避免的，但是，假如我们只是沉浸其中，甚至被其蒙蔽了双眼，那失意就会如影伴随。假如我们换个角度，或者看看周围，努力摆脱这种负面情绪的困扰，那我们最终会成为一个得意者。

活在世界上的每个人，都会经历不同程度的困境。困境是生命过程中的一部分，因困境产生的失意情绪也是不可避免的，那是在失意中沉沦还是在失意中崛起，全在我们自己是否心中时刻充满着希望。所以，当困难与挫折来临的时候，应平静面对，不要被失意的情绪蒙蔽了双眼，积极乐观地去处理，只要我们心中怀着希望，那就有了战胜困难的勇气。

看不开，是因为心无法静下来

有时候，最不容易管住的是我们的心，今天要求这样，明天希望那样，总是翻来覆去，心猿意马。浮躁的心总也看不开人生的种种，看不开灯红酒绿，看不开金钱、权利、欲望，所以他才会感觉到人生烦恼多。正所谓“心静自然凉”，当我们把心静下来之后，再回过头来看这个世界，是否会觉得烦恼丛生呢？有时候，不是因为看不开，而是因为没办法静下心来。

在生活中，我们因看不开所产生的烦恼、痛苦、绝望、发怒或者从容、自在、快乐的感觉，都源于我们内心。就好像少年入定时会有一只大蜘蛛不请自来对你进行骚扰一样，浮躁的心，往往会对我们的情绪进行影响，或悲或喜，或烦恼或自在，或绝望或希望。当自己被一颗浮躁的心所围绕，那我们看什么都是烦恼，什么都看不开。心若静下来，我们自然会看到生活中的许多美好，心情也一下子豁然开朗。

三伏天，禅院的草地枯黄了一大片。小和尚说："快撒点儿草种吧？好难看呐！""等天凉了。"师父挥挥手说，"随时！"中秋，师父买了一包草籽，叫小和尚去播种。

秋风起，草籽边撒边飘。"不好了！好多种子都被吹飞了。"小和尚喊。"没关系，吹走的多半是空的，撒下去也发不了芽。"师父说，"随性！"撒完种子，跟着就飞来几只小鸟啄食。"要命了！种子都被鸟吃了！"小和尚急得跳脚。"没关系！种子多，吃不完！"师父说，"随遇！"

半夜一阵骤雨，小和尚早晨冲进禅房："师父！这下真完了！好多草籽被雨冲走了！""冲到哪儿，就在哪儿发芽！"师父说，"随缘！"一个星期过去了，原本光秃秃的地面，居然长出许多青翠的草苗。一些原来没播种的角落，也泛出了绿意。小和尚高兴得直拍手。师父点头："随喜！"

好一句"随喜"，因为师父怀着一颗淡泊明志的心，所以才会事事“随喜”，凡事都看得开。心静下来，看什么都是没关系的，“随时”“随性”“随遇”“随缘”“随喜”，人生似乎就是这样，假如每每失去了或得到了什么，都抱着很浮躁的心态去对待，那万事万物，千头万绪，我们是再也理不清、剪不断的。人生需要“随喜”的心态，把心静下来，处处随喜，生活自然一片美好。

在罗阅祇城有一个婆罗门，他常听说舍卫国人民多孝养父母、信仰佛法，而且善于修道，并供养佛法僧三宝。他心中十分向往，便想去舍卫国观光并修学佛法。到了舍卫国，他看见有父子二人正在田中耕地、播种。忽然，有一条毒蛇爬到那儿子的跟前，将他咬死了。然而那父亲不但不管儿子，反而接着干活，连头也不抬。

这个婆罗门大为惊奇，便上前问他原因。耕种者反问道：“你从何方来，来此为何目的？”这个婆罗门回答说：“我从罗阅祇城来，听说你们国家多孝养父母、信奉三宝，所以打算来求学修道。”接着，婆罗门问道：“你儿子被毒蛇咬死，你为什么不但不难过，还接着耕地播种？”耕种者说：“人之生老病死及世间万物成败，皆为自然规律，忧愁啼哭能有什么用呢？如果伤心得饭也不吃、觉也不睡，什么也不干，那不跟死人一样？活着的意义就不大了。你要进城，路过我家时，请替我捎话给我家人，说儿子已死，不必准备两人的饭菜了。”

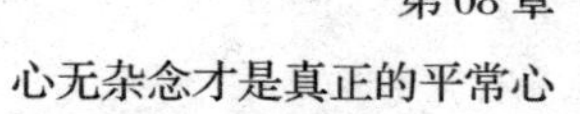

这个婆罗门心里暗想：“这个人可真不像话！儿子被蛇咬死，竟然不悲哀，反而还想吃饭，真没有人性啊！”他进入舍卫城，来到耕种者的家，见到那人的妻子，便说道：“你的儿子已经死了，他的父亲让我捎话说，准备一个人的饭就行了。”那妇人听后，说：“人生即如住店，随缘而来，随缘而去，我这儿子也是一样啊！生是赤条条来，死亦赤条条去，任何人都不能违反这一规律。”这个婆罗门又告诉了死者的妻子，谁知她的回答也是如此。他心中非常生气，对那女子说道：“你的丈夫已死，你难道一点儿也不痛心吗？”那女子默然不答。

这个婆罗门怀疑自己是否走错了国家，决定去请教伟大的佛陀。这个婆罗门来到佛所，向佛陀顶礼，退坐一边，一脸的愁云。佛陀已明白他的来意，却故意问他为什么忧愁。

他回答说：“遇事不合我的想法，故而忧愁。”佛陀又问：“遇上何事不合你所想呢？”他如实向佛陀禀告了路上所见之事。佛陀说道：“善男子，这些人是真正明白人生事理的啊！他们知道人生无常，伤心悲哀无济于事，故能正视世间及人生的自然规律，也就无有忧愁！尘世之人不明白生死无常的道理，互相贪着爱恋，等到突发事件一来，即懊恼、痛苦甚至痛不欲生，无以自制。正如人得了热病，高热谵语，恍恍惚惚胡说八道，只有经过良医诊治下药后，热退病愈，才不会再说胡话了。”

佛陀接着又说：“世间俗人长时间被贪、嗔、痴3种烦恼袭扰，不能自拔。如果自己能明白无常之道理，能明白佛法苦集灭道之道理，那么自然烦恼尽除。这些人皆可以证道啊！”这个婆罗门闻佛所说，即自责道：“我真愚痴，不明佛法大义，现在一经佛说，如黑暗中见到光明，恍然大悟！”

人生总充满着不如意的事情，而佛法告诉我们，生命的无常是无法回避的，我们应该把心静下来，面对它、认识它、超越它、看开它。或许，许多对佛法陌生的人认为佛教是消极的，其实不然，佛教认为苦是一种客观存在的，世间的一切都有生住异灭的过程，生老病死、春夏秋冬，只要我们怀着一颗安静的心看待，那一切都是可以看得开的。

抛却多余的欲望，撒手得重生

在生活中，总是有着这样那样的诱惑，它们引诱着你，撕破你心中最后一道防线，让你痴迷其中，不可自拔。有人为功名利禄穷其一生，有人为荣华富贵而吞噬了良心，有人为追求个人幸福变得自私恶毒，那些致命的诱惑就像是一杯毒酒，小口小口地啜饮，深入骨髓，在痛苦中逐渐丢失了自己。

那就如同一条错误的道路，越滑越远，直至悬崖深谷处。这时候依然有人不知悔悟，始终怀抱着自己手中的权利、金钱、物质、名誉，等等。实际上，这时候如果撒手完全可以重生，可以让我们避免失去更多的东西。

但是，在现实生活中，许多人贪恋着金钱带来的虚荣，权力带来的刺激，他们沉浸在欢娱中，踏上了一条不归路。于是，有人为此出卖了良心，有人丢掉了自尊，甚至有人付出了生命的代价。这样的一群人，即便是到了悬崖边，他们也舍不得撒手将手里的东西丢弃，最终他们所收获的将是最痛苦的人生。

某省原国税局局长李某，被判处死刑前有记者对他进行专访。

当记者问及关于精神支柱彻底坍塌后他成了什么样子时，李某说："我进来之前，也就是风闻上面要查我时，就想把一个箱子里的钱转移到香港，但一看箱子里的钱不满，我就通过朋友通知一个工程承包商说，'让他先送来50万元人民币，等工程合同签完后，再从里面扣，否则我就要把工程承包给别人。'那个老板把钱送来后，填满了这个箱子，我就把多余的钱放在了另一个箱子里。"当记者追问"要是不进来，会不会再把那个箱子的钱弄满？"李某说："也许会的，人的欲望就是这样无度。"

他告诉大家一个道理：权力与金钱相结合，会孵化出许多害人的毒蛇。权力能获得金钱，金钱能买来纸醉金迷，却买不来尊严和自由，贪婪地追求金钱，不择手段去获取，无异于一砖一砖地给自己建造监狱。

这就是人的欲望，看不开的对物质、金钱超强的占有欲望，明知道自己在劫难逃，也要贪最后一把，结果呢？是他无止境的欲望吞噬了自己，濒临悬崖，他是否想过会撒手？当然没有，正如记者问他“要是不进来，会不会再把那个箱子的钱弄满？”他的回答是肯定的。其实，站在悬崖深谷边，假如只是一念的想放手，他依然有改过自新的机会，遗憾的是，他从来没想过撒手，因为看不开，在他眼里，金钱就是绝对的至高无上。因为贪得无厌，最终把自己送进了亲手建造的监狱里，这可以说是自作孽不可活。

据说，在草原上，有一种动物叫做秃鹫，它是一种大鸟，驰骋于蓝天与白云之间，肆意展现着自己的勇猛和威武。但是，却有不少人让它们成为自己手中的玩物，从天上到地上，无奈地等待死去。这是一个怎么样的过程？有人把装有沙子的动物的肠子丢在野外让秃鹫去叼，然后在后面追赶秃鹫，因为秃鹫不愿意放弃肠子，只能拖着装有沙子的肠子在草地上跑，这样，人就很容易地捉住了秃鹫。也许，你会觉得好笑，秃鹫完全可以弃食而逃，为何偏偏陷入了人类的陷阱呢，但是，你发现没有，有时候，我们也成了那只秃鹫，坚持不放弃手中的东西，最终跌落悬崖，坠入深谷。

古时候，有一个聪明的年轻人，很想在所有方面都比他身边的人强，他特别想成为一个大学问家。

几年过去了，这个年轻人的很多方面都超出了身边的人，唯独学业没有长进，远不如人。为此，他很苦恼，就去向一个大师求教。大师说：“我们登山吧，到山顶你就知道该如何做了。”

在通往山顶的路上有很多可爱的小石头，人见人爱。年轻人每见到自己喜欢的石头，大师就让他装进袋子里。很快，石头装满了所有的袋子，年轻人受不了，他说：“背着这些石头上山，别说到山顶了，恐怕连半山腰也到不了。”

大师微微一笑，说：“是呀，那该怎么办呢？”年轻人疑惑地看着大师，这时大师说：“该撒手就撒手吧，背着很多石头怎么能登山呢？”年轻人一听，忽觉心中一亮，扔掉了所有石头，向大师道谢之后就走了。之后，他一心做学问，进步飞快。

假如所负重的东西已经超越了承受范围之外，那不妨撒手吧，这样还可以给自己一个重新开始的机会。不管是欲望还是其他的东西，我们都要学会舍弃一些应该舍弃的东西，该撒手时就撒手，这样我们的人生才有另一种可能。

人生本来就是一场空

人，因无而有，因有而失，因失而痛，因痛而苦。人总是从无到有就快乐，从有到无就痛苦。其实，“有”有何欢？一切拥有的都以失去为代价；“无”有何苦？人生本来就是一场空。有无之间的更替便是人生，得失之后的心态决定苦乐，看淡了得失，也就远离了痛苦，才有闲心品尝生活的幸福。

看淡了，在得意的时候，你不会浮躁、膨胀；即便是在你失意的时候，也不会觉得悲愤、绝望。人生本来就不是一杯白开水，它有着酸甜苦辣，有着喜怒哀乐，只要你有一份平淡、从容的心境，去面对、去迎接，那就有了一种超拔的人生态度，有了一种超脱的精神境界。

大学毕业后，他放弃了父母托关系为他找的铁饭碗工作，只身带着单薄的行李南下，来到了炙手可热的沿海地区。刚开始的时候，因为自己要求太高，他处处碰壁，找不到工作，生活费也所剩无几了。后来，他放低了自己的要求，委身在一家IT企业做一个普通的文员，一个月拿着微薄的薪水，勉强能够养活自己。朋友打电话会为他惋惜：“这么优秀的人才，甘愿做一个文员，这简直是大材小用。”他笑了，没有任何的回答。

每天做很简单、枯燥的工作，他都能从中得出自己的快乐，而且他好学，遇到什么不懂的问题都会向同事请教。时间长了，老板欣赏他的踏实与认真，晋升他为秘书。之后，经过不断地升职，他已经在企业有了响当当的名字，这时候，他毅然放弃了高薪职位，拿着多年的积蓄，开了一家小公司。同事都觉得他很愚笨，只有老板对着他远去的背影，竖起了大拇指。小公司在他的努力经营下，一天天成长，他成了远近闻名的大老板。每次回家探亲，亲戚都忍不住大加称赞，他只不过笑着说："我只是做小本生意，没有你们想象的那么优秀。"说完，就走开了。

那天，金融海啸，他的公司也不幸遭遇了，得知消息的时候，他还在家里，父母担心地看着他。他很安静，反而安慰父母："没事，当年我也是一无所有，现在不过是时间的问题而已。"他赶到了公司，把剩下的资金散发给员工，解散了公司，幸好因为经营有方，即便出现了这样的灾难，但公司居然不用举借外债。他带着行囊回到了父母身边，和父母一起开了家小饭馆，偶尔打打小牌，种点花草，养点小动物，日子很惬意，一点都看不出他曾经风光的痕迹。

面对人生中的失败，他并没有气馁；面对事业上的成功，他也并没有癫狂。至始至终，他都是以平常的心态来对待，生活的大起大落在他身上没有留下一丝痕迹，有的是那份更加从容的心情。他的一生，真真正正地做到了乐天知命、荣辱不惊。

《周易·系辞上》："乐天知命，故不忧。"当你怀着乐观、积极的心态，秉承着"知己为天所命，非虚生也"的信念，用豁达的心胸来面对人生中的每一次际遇，你就会发现人生并没有那么可怕，也没有什么过不去的坎，也没有什么放不下的。在人生的旅途中，做好自己，认真对待每一天，即使错了也不要去追悔。我们每一个人都是普普通通的，并不是圣人，无论你愿不愿意，时光都会悄悄地带走一切，而你始终要前行。

虽然身心疲惫，即使步履匆匆，也要乐观地向前看，虽然并不知道前面是不是自己的理想之地，但你却可以对自己说“无怨无悔”。人生路上，不要有太多的患得患失，也不要太计较自己的得与失，以一份平静的心情来迎接人生中的每一次挑战，这好像是生命的无奈，却更是生命最绚丽的精彩。

人生道路上有鲜花、有掌声，有多少人能等闲视之；人生路上也有坎坷泥泞、有满地荆棘，又有多少人能以平常心视之。我们要学会坦然相对，拿得起、放得下，既来之、则安之，这是一种超脱的心境。荣辱不惊，闲看庭前花开花落；去留无意，漫随天外云卷云舒。

荣辱不惊，乐知天命，那就是一份安详自在。佛曰：“一花一世界，一草一天堂，一叶一如来，一砂一极乐，一方一净土，一笑一尘缘，一念一清静。”看淡了，痛苦就远离了，快乐就回来了。

第 09 章

有作为是生活的最高境界

你是否每天无所事事，不知道该做什么？人生在世，必要有所作为。当一个人沉浸在空虚的心境中，他便有了拖延、懒惰的坏习惯。如果我们想要领悟生活的真谛，需要明白有作为才是生活的最高境界。

今天能完成的事情绝不会拖到明天

“人生这个银行里还剩下多少时间也无从知道。因此，时间更重要”犹太人用投资来作比喻，投入多少不能用金钱来衡量，而是用时间要计算。他们觉得，在时间和金钱这两项资产中，时间显得更为重要。

只有时间才是最宝贵的，他们还认为一个人如果当你认识到时间的宝贵的那一刻，你也会变得富有。由于时间观念极强的犹太人，所以无论是在生活中，还是在工作中，都极为珍惜时间。所以他们做任何事情的原则就是今天能完成的事情绝对不会拖到明天。

1989年3月24日，在阿拉斯加，埃克森公司的一艘巨型油轮不幸触礁，造成了大量原油泄漏，给当地的生态环境造成了严重的破坏。不过面对这一状况，埃克森公司却一直没有做出大家期待的反应，引起了国际社会的反感，导致了一场“反埃克森运动”。就连当时的美国总统布什也惊动了，最后，埃克森公司形象严重受损且损失高达几亿美元。

行动的天敌常常是人们的拖延，而能够停止拖延的最好办法就是马上付诸于行动。犹太人只占全世界人口的百分之一，但全球百分之七的财富都掌握在他们手中。这其中的一个重要原因，就是犹太人学会了做行动的主人。我们做任何事情都要尽自己最大的努力，别把今天的事留给明天。做事情绝不要在那里拖延，而是做到今天的事情今天做，时刻谨记“今日事，今日毕”。保持较强的时间观念，绝不拖延时间，也不浪费时间，致力于把一件事做好。

犹太人用“第克替特时间”来处理文件，这样能够做到高效率地办事。犹太人一般把“马上解决”这句话作为自己的座右铭，所以，他们特别注重办事的效率和时间。如果他们有事情，就马上致力于去找到解决的办法，而不是一拖再拖，他们极其重视时间观念。所以在他们看来，拖延昨天的工作，是最可耻的事情。他们力求今天的事情，今天就能够完成，而不是拖到明天。

如果认定是今天必须要完成的事情，就竭尽全力地去完成它，哪怕别人已经下班了，坚持把事情做完才下班。这就使得我们能养成做事严谨、珍惜时间的习惯，这也成为我们能够成功的一个重要条件。

那么，拖延心理是怎么产生的呢?

许多恐惧是我们意想不到的，许多人明明对一些事情充满着恐惧却不清楚自己到底在害怕什么，有的人声明自己并不害怕但他却一直在逃避某些事情，这些就是潜在的恐惧心理。有的人越是逃避，越是害怕，为了逃避这些，只能慢慢拖延，比如，害怕繁重的工作，总觉得有一种畏难情绪。

通常拖延症患者的作息时间表都是混乱不堪的，比如，盲目乐观地估计自己的能力，他会想在睡前加班将工作完成，事实上他根本不清楚知道自己是否能顺利完成；恐惧确切的时间和时间，有的人十分恐惧时间，比如，总是等到主管催了一次又一次，才会交上自己的工作任务；没有具体的规划，拖延症患者根本不知道自己完成一件事情需要多久，也没办法说出自己的具体计划，他们总是想捍卫自己的自由，甚至想逃避时间的控制。

拖延症患者行为与心理的矛盾表现为：一方面他们害怕时间不够用，担心没有时间；另一方面他们不到最后一刻决不采取行动，几乎不能提前开始行动。哪怕是之前开始行动，也没办法坚持下去。对于大部分喜欢拖延的人而言，他们的心路历程就是这样。

有的人喜欢追求完美，当他们在做一件事情的时候，总是犹豫不决，改来改去，临到紧急关头也拿不定主意，无法做出决断。这些问题导致他们对自己应当做的行为一拖再拖。

你是否有这样的表现呢？今天的事拖到明天做，6点钟起床拖到7点再起，上午该打的电话等到下午再打，每天要写的文章攒到最后时刻写，今天要洗的衣服拖到明天再洗，这个月该拜访的朋友拖到下个月。如果你有这些表现，那么你是一个十分拖延的人，应该立刻改掉这个坏习惯。

胸有宏图不行动，结果只能是纸上谈兵

有人说自己是一座宝藏，挖掘得越深，获得的越多。也有人说，自己是一匹奔腾的野马，重要的不是学会怎样提速，而是控制自己。

人有各种各样的优缺点，也有一种惰性，这种惰性经常导致计划落空。人在计划落空时又很容易形成新的计划，新计划其实是旧计划的翻版。结果就是，一项计划翻来覆去总没有结果。这是十分悲哀的事情。成就一番事业必须雷厉风行，要有一种魄力，说干就干，一点也不拖延。这是成就事业的一种品格。

安尼瓦尔是一名销售员，他为自己制订了一个完整的销售方案。他第一天到公司上班的时候，没有去做销售工作，而是在办公室里听歌，他觉得他的销售方案太完美了，不用那么急着去做工作。第二天他仍然没有去做销售，他对自己说，我是学营销专业的，销售对我来说太简单了，不用急。结果一个月过去了，他没有一点销售业绩，老板只好把他开除了。但是老板很惋惜，因为他的销售方案确实非常完美，只是安尼没有立

刻去执行。

对于一个公司来说，很有可能会因为拖延而损失惨重。那么对于一个人来说，拖延又会带来什么灾难性的后果呢？对一个渴望成功的人来说，拖延将成为制约他取得成功的桎梏。在公司没有一个老板喜欢有拖延习惯的员工，在家里没有一个妻子喜欢有拖延习惯的丈夫。

社会学家卢因曾经提出一个概念，叫“力量分析”。他描述了两种力量：阻力和动力。他说，有些人一生都踩着刹车前进，如被拖延、害怕和消极的想法捆住手脚；有的人则是一直踩着油门呼啸前进，如始终保持积极、合理和自信的心态。

刚开始，哈里仅仅是一名美国海岸警卫队的厨师。偶然的一个机会，他为同事代劳了写情书这件事，然后他开始逐渐喜欢上文字写作。

有了浓厚的兴趣，哈里开始给自己制订目标：花1~3年的时间写一本长篇小说。说干就干，他马上行动起来，每天不间断地写东西，不知道疲倦。把写好的文章寄发给各大杂志报社，希望能够得到人的认可。

8年之后，哈里仅有一篇600字的作品在杂志上刊登了。然而，他对此并没有灰心丧气，希望能在这件事上坚持到底。工作退休后，他每天坚持写作，稿费很少，他的欠款却越来越多。虽然这样，哈里依旧怀揣着当初喜欢写作的心情，朋友们表示不理解，纷纷劝导：“请忘掉作家梦吧。”甚至还帮他介绍了一份工作。不过哈里却说：“我需要不停地写作，因为我依然喜欢，且我想成为一名真正的作家。”

四年之后，哈里的小说《根》终于面世，当时引起了大轰动，光是在美国就发行了530万册。后来，这部小说还被改编为电视剧，有超过13000万的观众看过这部电视剧，在当时创下了电视剧收视率的历史最高纪录。哈里终于成为了著名作家，不仅收入超过500万美元，而且还获得了普利策奖。

所以，有了目标后，最重要的就是放弃任何借口，立刻将它付诸实施，并且坚持到底。我们常说，千里之行始于足下，就是要求我们行动起来，把心中的梦想通过立刻行动变成美好的现实。如果只是因为自己有一个美好的梦想就沾沾自喜，而忘记了行动的力量，那么无论天上的星星有多么漂亮，你也不能够把它捧在手中，无论对岸的风景有多么诱人，你也不能够亲眼目睹，无论海中的贝壳有多么美丽，你也不能够把它挂在你的胸前。

朗费罗说：“我们命定的目标和道路，不是享乐，也不是受苦，而是行动。”胸有壮志宏图，但若不能付诸实施，结果只能是纸上谈兵，毫无实际意义。

拖延是一种坏习惯，它会让人在不知不觉中丧失进取心，阻碍计划的实施。一个人如果进入拖延状态就会像一台受到病毒攻击的电脑，效率极低。拖延最常见的表现就是寻找借口。虽然目标已经确立了，却磨磨蹭蹭，像个生病的羔羊，没有一点精神。不论什么时候，他总能找到拖延的理由，计划当然就会一拖再拖，成功却遥遥无期。

朝着目标前进，别让拖沓蔓延

曾有人问一个做事拖拉的人："你一天的活是怎么干完的？"这个人回答说："那很简单，我就把它当作昨天的活。"这就是拖沓的习惯，其实，拖沓岂止是把昨天的活今天来干。有人给拖沓下的定义为：把不愉快或成为负担的事情推迟到将来做，特别是习惯性这样做。

如果自己是一个做事拖沓的人，那么，生活中我们大部分都在浪费时间，做一件事也需要花很多时间来思考，担心这个或担心那个，或者找借口推迟行动，但最后又为没有完成目标任务而后悔，这就是"拖沓者"典型的特点。拖沓对于成功来说，是一个讨厌的绊脚石，拖沓的习惯不阻碍目标任务的完成。所以，要想获得成功，就需要向目标立即奋进，拒绝拖沓。

说到拖沓的习惯，相信许多人都不陌生，因为在平时生活中，随处可以见到它的身影。许多人在该工作的时候上网冲浪，总是对自己说：“明天再去做吧。”但是，正所谓“明日复明日，明日何其多”，在拖沓蔓延的过程中，我们错过了许多完成目标的机会。

马克·吐温曾经说过：“如果你每天早上醒来之后所做的第一件事情是吃掉一只活青蛙的话，那么你就会欣喜地发现，在接下来的这一天里，再没有什么比这个更糟糕的事情了。”由此引发出了“青蛙”规则，对每一个人而言，“青蛙”就是最重要的任务，如果我们现在对它不采取行动的话，我们就很可能就会因为它而耽误时间，我们的青蛙也可能对自己的生活产生最大积极影响的事情。

有人引申出了“吃青蛙”的两个规则：一就是如果你必须吃掉两只青蛙，那么要先吃那只长得更丑陋的。简单地说，假如在一天里我们面临了两项重要的任务，那么我们应该先处理更重要的那一项，即使重要的任务总是棘手的，但我们也要去吃掉那只丑陋的青蛙。养成这样的习惯，而且一开始就要坚持到底，完成一个目标再接着开始另外一个目标。

二是如果你必须吃掉一只活的青蛙，那么即使你一直坐在那里并盯着它看，也无济于事。摆在面前的即使是一件非常难做的任务，我们也需要立即行动，你漫无目的地思索只会浪费更多的时间。

为了完成既定目标，提高自己的工作效率在于立即行动，即“吃掉那只青蛙”所阐发出来的理论：每天早上要做的第一件事情，就是对你来说最重要的那件事情，并使之成为一种习惯。这样时间久了，自然就能克服拖沓的毛病。通过大量的研究表明，那些成功人士身上最显著的共性是“说做就做”。一旦他们有了明确的目标，就会立即展开行动，一心一意、持之以恒地完成这项工作，直到完成目标为止。

阿尔伯特·哈伯德出生于美国伊利诺州的布鲁明顿，父亲既是农场主又是乡村医生。年轻时的哈伯德曾在巴夫洛公司上班，是一名很成功的肥皂销售商，但是，他却对此感到不满足。1892年，哈伯德放弃了自己的事业进入了哈佛大学，然后，他又辍学开始到英国徒步旅行，不久之后，哈伯德在伦敦遇到了威廉·莫瑞斯，并喜欢上了莫瑞斯的艺术与手工业出版社。

哈伯德回到美国，他试图找到一家出版社来出版自己的那套《短暂的旅行》的自传体丛书，但是，他没有找到任何一家出版社愿意出版。于是，他决定自己来出版这套书，他创建了罗依科罗斯特出版社，哈伯德的书出版之后，成为了既高产又畅销的作家。随着出版社规模的不断扩大，人们纷纷慕名而来拜访哈伯德，最初游客会在周围的四周住宿，但随着人越来越多，周围的住宿设施已经无法容纳更多的人了，哈伯德特地盖了一座旅馆，在装修旅馆时，哈伯德让工人做了一种简单的直线型家具，而这种家具受到了游客们的喜欢，哈伯德开始了家具创造业。哈伯德公司的业务蒸蒸日上，同时，出版社出版了《菲士利人》和《兄弟》两份月刊，而随后《致加西亚的信》的出版使哈伯德的影响力达到了顶峰。

有人说，阿尔伯特·哈伯德是无比传奇的一生，他之所以能在多方面都能获得成功，在于他从来不拖沓，不断地朝着自己的一个又一个目标而努力奋进。阿尔伯特·哈伯德是一位坚强的个人主义者，一生坚持不懈、勤奋努力地工作着，成功对于他来说是理所当然的。在《致加西亚的信》中，阿尔伯特·哈伯德讲述了罗文送信这样的情节："美国总统将一封写给加西亚的信交给了罗文，罗文接过信以后，并没有问：'他在哪里？'而是立即出发。"拖沓、懒散的生活态度，对许多人来说已经是一种常态，要想成为罗文这样的人，我们就应该拒绝拖沓。

假如你觉得自己有很强的工作能力，可以在很短的时间内将比较困难的事情做完。那就应该在接到工作任务时马上动手做，这样你完成事情之后就可以玩得更开心，而不是在玩时总想着工作的事情。

假如你认为时间的紧迫感可以令自己发挥较高的水平，那也需要给自己制订一个期限。假如你曾经有过几次临时抱佛脚的经历，却屡遭失败，那最好还是不要尝试这种方法。

平时你是否经常被琐事烦恼，那就应该学会时间管理，最简单的方法就是要明确自己的目标，经常想想这件事不做对自己以后有什么影响。当你有了时间管理之后，往往能够及时地完成事情。

通常来说，一个人成就的大小取决于他做事情的习惯，克服拖沓是做事情的一个重要技巧。我们要想完成既定目标，取得成功，就应该培养做事不拖沓的习惯，通过逐渐学习“吃掉那只青蛙”，不断地重复。一旦养成了这个习惯，“完成目标，马上行动”就会成为一件自然而然的事情。

不畏惧，练就完美执行力

不找任何借口，它所体现的是一种负责、敬业的工作精神，一种诚实、主动的态度，一种完美、积极的执行力。在很多时候，借口是毫无意义的。“没有任何借口”，让自己养成了不畏惧的决心、坚强的毅力，以及完美的执行力。不管自己遭遇了什么样的环境，都必须学会对自己的一切行为负责。

巴顿将军在完成任务的过程中，屡次被人劝阻：“不要往前走了，前面到处都是维利斯塔人。”当然，那些劝阻的人都是出于一番好意，这时如果巴顿将军心里正想寻找某个借口，那他完全可以停下来，不再继续前进。如果是上级责问起来，他就会说：“当时我们已经走了很远，也没找到豪兹将军，而且前面到处都是维利斯塔人，实在是难以找到豪兹将军。”这听起来蛮符合情理，但仔细一推敲，却发现全部都是借口。如果有这样想法的人，他就是把“借口”当挡箭牌的人。

张三和李四是两个裁缝师傅，有一次，他们在一起工作时，张三需要将手中的针交给李四。不过，就在快要交接的时候，张三手中的针掉到了地上，当时又是昏暗的傍晚，屋里光线很暗，实在不容易找到一根针。

在这个时候，他们应该怎么办呢？我们可以设想一下，起码会出现以下3种情况。

首先是，张三和李四开始吵架，李四指责张三没拿稳针，张三则怪李四动作慢了才会导致针掉在地上，他们一直在争论着这是谁的责任，压根忘了地上的针。

其次是，张三和李四纷纷表示应该先找到针才是正事，所以接下来的几个小时，他们都会在地上找针。

最后是张三和李四为了尽快找到针，分头行动，一个从这边开始进行找，一个从那边开始寻找。

那么，我们可以猜想一下，上面这三种情况哪种最有可能找到针呢？

几乎所有的人都知道第3种情况能最快找到针。如果总是埋怨对方，总是为自己找借口，事情永远也办不好。故事很简单，但是蕴涵的哲理却很深刻，如果两个人各自为自己开脱，“这与我没关系”“这不是我的责任”，那么只能让麻烦越变越大，根本就不能解决遇到的问题。找各种借口为自己开脱，只会欲盖弥彰。这样一来，就会给自己的老板留下不能按时完成任务、能力差的印象。长此以往，这种人在公司的地位就会越来越低，其他人也不愿意和这种老是找借口的人合作，他们害怕有一天，这种人也会将所有的原因都推到他们身上，将自己身上的责任推得一干二净。

也有一些人在遇到问题的时候，不会想着找借口，而是尽快想到解决问题的办法，将问题解决。这样的人责任心很强，他们对自己做不到的事也不会找各种各样的借口，他们会真诚地说出自己为什么没能及时将问题解决，用各种办法在最短的时间内将问题解决。这样的人是不会轻易许诺的，如果真的许下什么诺言，他们一定会想尽各种办法实现诺言。

即使有什么问题没有解决，别费尽心思地去找各种借口为自己辩白，而是将所有的情绪都放下，先解决问题，因为解决问题才是最关键的。

在现实生活中，我们经常会听到这样或那样的借口。当人们做不好一件事情，或者完不成一项任务，就会找出很多借

口，在借口的遮挡下，他们很容易学会了抱怨、推诿、迁怒，甚至愤世嫉俗。其实，他们都没发现，借口就是一个敷衍别人、原谅自己的“挡箭牌”。寻找借口，无疑是掩盖了自己的弱点，推卸了自己的责任。

我们应该想尽办法去完成任何一项任务，而不是为没有完成的任务去寻找这样或那样的借口，即便是看似很合理的借口，那都是不允许的，需要有一种不达目的不罢休的毅力。在生活中，我们要知道，做任何一件事情，只要我们努力去做，就不可能不会成功，千万不要把借口当作自己的挡箭牌，你不可能一辈子依靠“借口”而活。

最好的清除内心障碍的方法就是立即去做

人生不应该停留在“等”和“靠”上，成功不会像买彩票那样充满侥幸，唯一需要的应该是制订计划并立即执行。不等不靠，现在就去做，表现出来的是一个成功人士应有的精神风貌。如果你是因为没有信心才迟迟不敢行动的话，那么最好的消除障碍的办法就是立刻去做，用行动来证明你的能力，增强你的自信。与其找借口，不如找方法。

李大钊曾经说过：“凡事都要脚踏实地的去做，不弛于空想，不骛于虚声，而惟以求真的态度做踏实的功夫。以此态度求学，则真理可明。以此态度做事，则功业可就。”

面对很多事情，庸者只会说“那个客户太挑剔了，我无法满足他”“我可以早到的，如果不是下雨”“我没有在规定的时间里把事情做完，是因为……”“我没学过”“我没有足够的时间”“现在是休息时间，半小时后你再来电话”“我没有那么多精力”“我没办法这么做”等。

乔是在公司工作已经3年了，直到现在还在原地踏步，仍然只是一个小职员。虽然他本人对此也感到十分苦恼，但是却毫无办法。乔的主管看见他这个样子，真有种“朽木不可雕也”的感叹。

这次，公司业务部新拉了两个客户过来，主管想给乔一个升职的机会，就把乔喊到办公室：“这次你去吧，客户都是比较好说话的，只要你能随机应变，就一定能完成工作任务。”乔显得有点犹豫：“我……我怕我不行。”主管有点生气了，但还是规劝道：“你看跟你一起进公司的同事，发展最好的已经晋升到总经理的位置了，你还依旧这样，你也得为自己的工作尽份力量，为公司尽点责任。”看着恨铁不成钢的主管，乔硬下头皮接了下来。

等到第2天，已经准备出发，乔来到主管办公室，支支吾吾地说：“主管，看来我真的不行，我怕到时候把这个客户得罪了，把业务丢了就不好办了，你还是另派一个人去吧。”主管气得说不出话来，只是一个劲地叹气。

乔是真的没有能力吗？不是，他只是在不断地为了逃避责任而寻找借口，诸如“我不行”“如果把客户得罪了怎么办，把业务丢了怎么办”等，这样的说辞其实就是借口。寻找借口的唯一好处，就是把属于自己的过失掩饰了，把应该自己承担的责任转嫁给社会或他人。这样的人，在公司里不会被老板信任，在社会也不会成为大家信赖和尊重的人。

然而，遗憾的是，在现实生活中，我们经常听到这样或那样的借口。上班迟到了，会说“路上塞车”“早上起晚了”；业务成绩不好，就会说“最近市场不景气，国家政策不好，公司制度不行”。对这样一些整天寻找借口的人，只要他们用心去找，借口无处不在。结果，他们把许多宝贵的时间和精力放在了怎么样寻找一个合适的借口上，而浑然忘记了自己的职责所在。

吉姆在公司呆了两年了，与他一起进公司的人早就升职加薪了，但吉姆还在原地踏步。每当老板对吉姆说：“吉姆，为什么不去争取做一些有挑战性的业务呢？你在底层锻炼的时间已经够长了。”这时吉姆总是说：“我觉得自己条件还不具备。”这时老板总会摇摇头，欲言又止。

最近，吉姆的一个同事又升职了，这样仅剩吉姆一个人在最底层了。吉姆觉得不服气，他去找老板说：“为什么升职加薪都轮不到我呢？”老板说：“吉姆，你还在为自己找借口，当你觉得条件尚不具备的时候，为什么不自己去创造一些条件呢？如果你将寻找借口的时间和精力用来寻找一些恰当的方法，我想不用你来找我，我会主动给你升职加薪的。”

假如所有的行动像发射火箭一样，在发射之前所有的设备、程序等条件都必须全部到位，行动只有在发射瞬间，那这个理由确实合适的。然而，在我们现实生活中，如果真的等到全部条件具备齐全之后才开始行动，那就会丧失机会。“条件不具备”其实也是自己逃避责任的借口，以条件不具备作为借口不行动，那只会延误计划，丧失机遇。如果我们觉得自己能力不足，为什么不去寻找自己到底哪里不足，而不是找借口说“我不行”。

不管做什么事情，都要记住自己的责任，不管在什么样的工作岗位上，都要对自己的职责和工作负责。千万不要用任何借口来为自己开脱或搪塞，因为完美的执行力是不需要任何借口的。

借口是一面挡箭牌，这本身就是一种不负责任的态度。时间长了，对自己绝对是有害无益。这是因为你如果花了太多的时间去寻找各种各样的借口，那就会不再努力去工作，不再想方设法地争取成功。对老板吩咐下来的任务，如果你不想做，就会去找一个借口；如果你想去做，那就会找一个方法。因此，找借口不如找方法。

每天，我们需要对自己说："我是一个不需要借口的人，我对自己的言行负责，我知道活着意味着什么，我的方向很明确，我知道自己的目的，我怀着一种使命感做事情。我行为正直、自己做决定并且总是尽自己最大的努力。我不抱怨自己的环境，努力克服困难，不去想过去而是继续去实现自己的梦想。我有完整的自尊，我无条件地接受每一个人，因为在上天的眼中，我们都是平等的，我不比别人差，别人也不比我好。作为一个没有任何借口的人，我对自己的才能充满信心。"

其实，在每一个借口的背后，都隐藏着丰富的潜台词，那就是逃避困难和责任。不过，如果是智者，他就会说："我会尽力想办法的。"当许多事情已经形成了定局，我们只能寻找方法，而不是寻找借口。

别总是找借口来掩饰自己的懒惰

懒惰是借口的来源。在生活中，人们通常会说："这不是我的原因，是因为他没有做好""不是我不想学习，是因为我起床晚了一些""不是我工作不努力，是因为主管看不上我"。这些语言是否听起来那么熟悉呢？是的，因为我们自己也经常说这样的话，寻找这样的借口来为掩饰自己的懒惰。

懒惰的人总是不断为自己寻找借口，但借口往往不会帮助你，只会害了你，所寻找的借口越多，你就会变得越来越懒惰。只动脑想借口而不愿意去做事情，然后把错误归咎于别人，每次都从别人身上找原因，而不是寻找自身的原因，这样就会使自己丧失前进的机会。

罗马人一直信奉两个真理：勤奋与功绩。这两个真理被认为是罗马人征服世界的奥秘。在当时，罗马人尊敬的就是农业，哪怕一个刚刚从战场上凯旋而归的将军，也不可避免地走向田间劳作。正是由于罗马人的不懈努力和勤奋，使得古罗马越来越强大。

不过，当人们的财富和奴隶渐渐增加的时候，罗马人觉得劳动好像变得不那么重要了。于是，整个国家开始走向衰败，懒惰导致罪犯增多、腐败滋生。一个曾经代表世界闻名的古罗马人就这样消失了。

最后古罗马皇帝在临终时给罗马人留下这样一句遗言：“懒惰是一种借口，勤奋工作吧！”当时，他的周围聚满了士兵。

有许多似乎立刻就要成功的人，在别人眼里，他们似乎应该成为一个非凡的成功者，但事实上他们都没有做到。这是什么原因呢？就是因为他们不愿为成功付出相应的代价。他们渴望抵达辉煌的硕峰，却不愿跨过艰难的山路，他们不愿参加战斗，却又想获得胜利，他们不愿遇到阻力，却又希望一切顺利，这就是懒惰。

懒惰会让人的心灵变得灰暗，会让他对勤奋的人产生嫉妒。一个懒惰的人总会寻找借口，看到别人获得了财富，他会说："他只是比较幸运而已。"看到别人比自己更有才智，他只会说："因为我的天分不如别人。"这样处处为自己寻找借口的人是难以获得成功的。

1872年，只有24岁的哈同一个人来到中国上海谋生。尽管，他看起来是一个年轻能干的小伙子，但事实上他穷得连一件像样的衣服都没有。当时他没有任何积蓄，也没上过学，不懂得任何技术。但是，他渴望在上海立足，通过自己的学习去挣钱。

哈同利用个子高的优势在一家洋行谋得了一份看门的生计，尽管很多人会看不起这份工作，不过哈同却觉得没什么，自己也是通过工作挣钱，这是正当的工作。他希望以这份工作为起点，通过自己的不懈努力，积蓄能力，以后总会找到更好的工作。

哈同平时工作十分认真，尽职尽责。晚上休息的时候，他就会埋头苦读一些经济和财务的书籍，以此来提升自己。由于忠于职守的态度，深得老板的喜欢，又善于学习东西，让老板觉得这是一个可造之材。于是，便把哈同调到了业务部门当办事员。

哈同继续努力工作，每天都在为如何做好工作而思考。在这样努力之后，业绩越来越出色，慢慢被提升为业务员、大班等。这时候，他的工资已经增加了，不过，心怀大志的他并不因此而感到满足，他想拥有自己的企业。

1901年，积累了资本和能力的哈同离职，开始独立运营商行，并命名为“哈同商行”，主要以经营洋货买卖为主。当时，他敏锐的眼光发现在中国上海相对比的竞争品并不太多，这样消费者就不能货比三家。所以，通过市场，哈同获得了高额的利润，哈同商行也越做越大。

哈同能够从一名看门工做到了商行的老板，正体现了犹太人的智慧。一个看门工，可能是大多数都瞧不起的工作，是别人不愿意干的，他们觉得自己相貌堂堂，年轻高大，怎么会屈于当站门雇员。可是哈同不这么认为，他会认为这是他成功的一个起点。我们仔细注意哈同的工作历程，就不难发现他成功的秘诀，那就是“脚踏实地，循序渐进”。他对自己的每一份工作都做到勤勤勉勉、忠于职守，并且不急于求成，而是循序渐进地下去，慢慢登上成功的宝座。

懒惰是借口的来源，如果我们不再为自己找借口，那就必须让自己变得勤奋起来。生活给我们每个人一样的平台，谁跑得快，谁就能第一个站在台上接受鲜花和掌声。假如你跑得慢，就只能在后面忍受别人的讥讽。

相反，一个永远勤奋而且乐于主动工作的人，将会得到老板甚至每个人的赞许和器重，同时，他还为自己赢得一份重要的礼物——自信。

假如你跑得慢，就需要比别人更勤奋一些。懒惰是一种习惯，勤奋也是一种习惯，既然都是一种习惯，为什么不把自己变得勤奋一些呢？克制懒惰，时间长了，我们就会变得勤奋起来，而不再为自己的懒惰寻找借口了，成功之手也会向我们伸过来。

第10章

敢于改变现状是一种勇气

内心胆怯的人缺乏肩负责任的勇气，他没有能力担任任何重要职位；内心胆怯的人总是怯于改变自己，害怕失去现在的安逸生活，但不改变，怎么会有更好的生活。对现代人来说，敢于改变现状是一种难得的勇气。

做事大可不必太小心翼翼

在生活中，我们一贯主张“谨慎做事”，这本来是一则很重要的做事准则。但是，凡事都有两面性，优点和缺点会互相转化。做事谨慎是好事，但是，如果一个人做事过于谨小慎微，就会使自己的胆子越来越小，眼睁睁地看着机会从眼皮底下大摇大摆地溜走。

很多时候，需要大方为事，换句话说，就是做事时要有一股闯劲，不能畏首畏尾，这样只会误了大事。如果在做任何一件事情，你都前前后后计算好了才去做，那么，恐怕机会早就被别人抢了先了。

而且，做事太过于谨小慎微，往往会出差错、惹麻烦。一件事情，如果想好了就放开手去做，凭着一股闯劲，那么，在做事情的过程中，你可能会顺顺利利。但是，如果你太留心这件事，即便你最初很执着，很用心，却因为你做事太谨慎、太计较，这样就很容易出错，惹来一些不必要的麻烦。

在生活中，许多人一遇到事情就如临大敌，左想右想，反反复复考虑某些问题。其实，当你在谨慎策划的时候，别人已经捷足先登了。因此，做事应大方，想好了就去做，战胜内心的胆怯，千万不要畏首畏首，过分谨小慎微只会让你错过良机。

三国时期，司马懿极具军事才能，但是，他做事太过于谨小慎微，竟中了诸葛亮的“空城计”。

街亭失掉后，魏将司马懿乘势引大军十五万向诸葛亮所在的西城蜂拥而来。但是，诸葛亮身边没有大将，只有一班文官，所带领的五千军队，也有一半人去运粮草了，只剩下2500名士兵在城里。众军听到司马懿带兵前来的消息都大惊失色。诸葛亮登城楼观望后，对众军说：“大家不要惊慌，我略用计策，便可教司马懿退兵。”

于是，诸葛亮传令，将所有的旌旗都藏起来，士兵原地不动，如果有私自外出以及大声喧哗者，立即斩首。同时，让士兵把4个城门打开，每个城门之上派20名士兵扮成百姓模样，洒水扫街。而诸葛亮本人则披上鹤氅，戴上高高的纶巾，在望敌楼前凭栏坐下，慢慢弹起琴来。

司马懿的先头部队带来城下，见到这种气势，不敢轻易入城，便急忙返回报告了司马懿。司马懿听了，哈哈大笑：“这怎么可能？”于是，他亲自飞马观看，看到此般情景，疑惑不已。做事一向谨小慎微的他不敢贸然闯入，只好下令军队撤退。

后来，司马昭说：“莫非是诸葛亮家中无兵，所以故意弄出这个样子来？父亲您为什么要退兵呢？”司马懿说：“诸葛亮一生谨慎，不曾冒险，现在城门大开，里面必有埋伏，我军如果进去，正好中了他们的计，还是快快撤退吧！”

等到各路军马都撤退以后，诸葛亮的士兵问道：“司马懿乃魏之名将，今统十五万精兵到此，见了丞相，便速退去，何也？”诸葛亮说：“兵法云，知己知彼，百战不殆。如果是司马昭和曹操的话，我是绝对不敢实施此计的。”

诸葛亮说：“兵法云，知己知彼，百战不殆。如果是司马昭和曹操的话，我是绝对不敢实施此计的。”其实，意指司马懿本身是一个做事谨小慎微的人，他从来不打没有把握的仗。一旦他觉得前面有埋伏，他就会选择撤退，而诸葛亮恰恰算准了他这样的心理。虽然，谨小慎微让司马懿做成了不少成功的事情，但在“空城计”里，他却因过分谨慎而中计了。

每个人都有自己的追求，或金钱，或名望，或权利，或爱情，或崇高的理想信念，等等。不同的是，有的人在追求的驱动下一往无前并成功了，而大多数人面临的，不是止步不前就是难堪的失败，这是为什么呢？当我们观察那些所谓的成功人士的时候，你会发现他们身上有一个共同点——敢想敢做。当我们有一个好的想法，或当我们面临一项艰巨的任务时，不要畏惧，而是要迅速行动起来。瞻前顾后，谨小慎微，只会给你带来恐惧，而一旦行动起来，就可以顺便做调整，最终铸成大事。

做事太谨小慎微，往往会瞻前顾后，犹豫不前，结果，白白浪费了一个大好的机会。在生活中，许多做事太小心的人，他们一辈子都活在胆怯中，有了好的机会，瞻前顾后；有了好的事情，不敢上前，畏首畏尾。

结果，一直到生命终结的那一天，他们还是很胆怯，在他们的一生中，可能没做成一件大事。而做大事者，应该是光着膀子甩手干，没有任何束缚，也没有任何禁锢，他们乐得轻松，不胆怯，不犹豫，大方为事。

承担责任，在困难时咬牙坚持下去

爱默生说：“责任具有至高无上的价值，它是一种伟大的品格，在所有价值中处于最高的位置。”如果你想要更出色，就不要害怕承担责任，因为责任是你走向成功的起点，责任是超越自我的必要条件，责任往往能成就一个人的成功。无论做什么事情，只要认真地、勇敢地担起责任，你就能得到别人的尊重。

每个人都扮演着不同的角色，而每种角色又承担着不同的责任，我们最大的成功就是完成自己的责任。因为内心的责任感，会让我们在困难时咬牙坚持下去，在成功时保持清醒的头脑，在绝望时坚决不放弃。承担责任，在某些时候，并不单单为了自己，也是为了别人。

在生活中，有许多习惯寻找各种理由为自己没有完成的事情而推卸责任，他们将本该自己承担的责任转嫁给他人。试想，一个逃避困难、不敢承担责任的人，他势必缺乏做事的能力和魄力，没有人会相信他能做好事情。

在做事的过程中，放弃责任就等于放弃了成功的机会，因为强烈的责任感能激发一个人的潜能。我们经常可以看见这样一些人，他们缺乏最基本的责任感，当有人强迫他们工作的时候，他们才勉强应付工作，这样，他们又怎么会发挥出自己的潜能，怎么会有自己的魄力呢？

有一个小姑娘到东京帝国酒店做服务员，这是她进入社会的第一份工作。但是，让她万万没有想到的是上司会安排她去洗厕所。而且，上司对她的工作要求很高：必须把马桶抹洗得光洁如新！

怎么办呢？是接受这份工作，还是另谋职业？小姑娘陷入了矛盾之中，这时，一位曾洗厕所的先辈不声不响为她做了示范，当他把马桶洗得光洁如新的时候，他竟然从中舀了一勺喝了下去。看到对方的工作态度，小姑娘明白了什么是工作，什么是责任。

于是，她漂亮地迈出了职业生涯的第一步，同时，也踏上了成功之路。后来，她所清洗的厕所，从来都是光洁如新，而且，她也不止一次喝过马桶里的水。几十年过去了，她现在已经是日本政府的邮政大臣，她就是野田圣子。

在生活中，恐怕承担责任的人屡见不鲜，但是，如此逃避责任却是一件不光彩的事情。那些不敢于承担责任的人，他们往往打着这样的借口：“这不是我的错”“我不是故意的”“本来不会这样的，都怪……”“这不是我做的事情”等。其实，这些都是他们逃避责任的借口，全盘否定自己的过失，推卸责任。只是，在他们成功地推卸责任的同时，他们也失去了做事的应有魄力。因为，一个敢于承担责任的人，他总是充满着魄力，浑身洋溢着无尽的神采。

阿基勃特是美国标准石油公司的一名小职员，他平日对人很诚恳，工作十分努力，但是，他给人印象最深刻的还是那个绰号——每桶四美元先生。

原来，阿基勃特每次出差住旅店的时候，他总是会在自己签名的下方，认真地写上这样一行字“标准石油每桶四美元”。而在平日来往的书信和各种收据上，只要是他的签名，他也一定会写上那句话。时间长了，同事不再叫他阿基勃特先生，而是称他为“每桶四美元”先生了。

有一天，这件事情被公司上层知道了，就连公司当时的董事长洛克菲勒也听说了这件事。洛克菲勒很惊奇地说：“本公司竟然有这样的职员，他无时无刻不在宣传公司的产品，我一定要见见他。”于是，他热情地邀请了“每桶四美元”先生共进晚餐。

后来，洛克菲勒董事长卸任，“每桶四美元”先生，也就是阿基勃特先生成为了标准石油公司的董事长。

其实，签名的事是标准石油公司任何一名员工都能做的事情，但是，只有阿基勃特做到了。或许，在当初嘲笑他的人中，肯定有不少有才有志的人，但是，因为缺乏“每桶四美元”先生的那么一点责任感，到最后，只有阿基勃特成为了董事长的接班人。

责任使人进步，逃避使人退步。一个优秀、有魄力的人，应该怀有很高的责任感。对自己负责，对自己所做的一切负责任，无论那些事情是对还是错。但是，在现实生活中，敢于承担责任的人早已经微乎其微。

在一个严重错误发生之后，大多数人会为自己找借口，或者把责任推到相关的人身上，因为害怕承担自己抉择的后果，他们选择了逃避责任、推卸责任。但是，在任何年代，那些敢于承担责任的人都是勇敢的、无私的，责任成为了他们不断前进的动力。

坚信自己，不与他人比较

爱默生曾说：“你，正如你所思。”每个人都梦想着成为最优秀的那一个，事实上，我们真的可以成为那样的人。在这个世界上，没有谁能够禁锢自己，只有你自己，如果你自己总是怀着“比较心”，时时怀疑自己，那么，你的能力永远没有办法施展出来。如果你总是习惯与别人比较，胆小怕事，不敢相信自己，逐渐忽略自己、迷失自己，或许，未来的你将会一事无成，而且，有可能你的余生将在烦恼和抱怨中度过。

科南特说：“垃圾是放错了位置的财宝，对哈佛大学来说，重要的不是出了7位总统和30多位诺贝尔奖获得者，而是让进哈佛的每一颗金子都发光。”其实，每个人都是独一无二的，你可能就是那一颗等待发现的金子。不过，在现实生活中，多少人却为“比较心”所拖累。他们处处与人比较，总觉得自己不如别人优秀，将自己禁锢在一个小角落，不能大展拳脚，最终难成大事。

事实上，对于每一个人来说，命运都是公平的，每个人都有自己的价值，这是不容怀疑的。为什么不尝试着做自己呢？“比较心”只会给我们带来失落、沮丧、羡慕、嫉妒，更严重的是，比较之后，自己会变得胆小、不自信，开始质疑自己的能力，甚至，还会变得自暴自弃。

一位学者到了风烛残年的时候，感觉到自己的日子已经不多了，他想考验和点化一下自己那位看起来很不错的助手。于是，他把助手叫到床前说："我需要一位最优秀的承传者，他不但要有相当的智慧，还必须有充分的信心和非凡的勇气……这样的人直到目前我还没有见到，你帮我寻找和发掘出一位，好吗？"助手坚定地回答说："好的，好的，我一定竭尽全力去寻找，不辜负您的栽培和信任。"

于是，这位助手就开始想尽一切办法来为老师寻找继承人，然而，每次他领来的人都被学者婉言谢绝了。有一次，已经病入膏肓的学者挣扎着坐起来，拍着助手的肩膀说："真是辛苦你了，不过，你找来的那些人，其实还不如你……"半年之后，眼看学者就要告别人世，但最优秀的人还是没有找到，助手十分惭愧，泪流满面地对老师说："我真对不起您，令您失望了！"学者叹息着说道："失望的是我，对不起的却是你自己……本来最优秀的人就是你自己，只是你太胆怯了，不敢相信自己，总是与他人相比较，才把自己给忽略、耽误、丢失了……其实，每个人都是最优秀的，差别就在于如何认识自己、如何挖掘和重用自己……"话还没有说完，学者就永远离开了这个世界，而那位助手一辈子都活在了深深的自责之中，因为自己辜负了老师的愿望。

有的人明明颇有才华，但是，因为内心的胆怯，他们不敢相信自己就是最好的。他们缺乏了对自己应有的自信，而他们找回自信的途径就是不断地与他人比较，殊不知，越比较越觉得自己一无是处。这个过程中，他们就像茧子一样，自己把自己禁锢在一个狭小的空间，让自己的能力不得施展。

在平常的学习生活中，约翰常常与那些所谓的尖子生比较，结果，越比较越泄气，内心的怨气让他开始“破罐子破摔”。他自然而然地将自己划分为“失败者”这一行列，而这样的结论正是长期的比较中得出来的。

比较的根源是内心胆怯、不自信，因为不自信、缺乏勇气，所以才想通过比较来找回自信和勇气，可是，大多数人在比较中不仅没能找回自信，反而变得更自卑、更胆小。其实，在比较过程中，热衷于玩比较游戏的人最累，他总是在焦虑着，担心着，到最后绝望着、无奈着。事实上，只要你做好自己，抛去心中的比较思想，你一样也可以成为别人嫉妒羡慕的对象。

一个人总是要看陌生的风景

一个人总是要看陌生的风景，结识陌生人，甚至，生活在一个陌生的环境里。因为这个世界是变化莫测的，如果我们固执地待在原点，那么，我们将不能适应这个世界的变化，并会逐渐被这个世界所淘汰。当然，对于大多数人来说，他们更喜欢接触熟悉的人和事，因为熟悉，少了内心的那份恐惧。

在陌生的人和事面前，人们往往会乱了阵脚，多了胆怯，他们不知道自己该说什么话，该做什么事情，甚至，他们根本不知道自己应该把手放在哪里才好。既然，陌生的风景、陌生的人、陌生的环境是我们无法拒绝的，为什么不尝试着去慢慢接受呢？其实，人生一直是在适应中体味快乐，我们又何苦那么惧怕陌生呢。

“陌生”这个词儿常常会唤起人们内心的胆怯，他们害怕去接触，更害怕自己从一个熟悉的环境到一个全新的环境。其实，这样的心理是可以理解的，从陌生到熟悉，需要一个漫长的过程中。但是，如果你换一个角度，你会发现，所谓的“陌生”其实就相当于一个新奇的探索之旅。

在陌生的环境里，你会结识新的朋友，新的同事；你会有一间跟以前全然不同的房间，或许，你早就厌倦了之前的摆设，趁着这个机会可以重新装饰；你会有一种新的生活方式，以前那循规蹈矩的生活你早就厌倦了，为什么不趁着这个机会改变呢？在适应陌生环境的过程中，其实你一直都能体味到那种“新奇”的快乐，因为所有事物对于你来说都是未知的，新鲜的，自然也是乐趣无穷的。

成功大师拿破仑·希尔曾讲述了这样一个故事：

一位将军去沙漠参加军事演习，妻子塞尔玛需要随军驻扎在陆军基地里。由于沙漠干燥高热的气候，全然陌生的环境，令塞尔玛感到很难受，而身边又没有可以倾诉的人，陷于孤独的塞尔玛经常给父亲写信，在信中透露出自己想回家的强烈愿望。然而，拆开父亲的回信，只有短短的两行字："两个人从牢中的铁窗望出去，一个看到泥土，一个却看到了星星。"父亲的回信令塞尔玛十分惭愧，她决定要在沙漠里寻找星星。

从此以后，塞尔玛开始与当地人交朋友，彼此之间互相赠送礼品，闲来无事，她开始研究沙漠里的仙人掌、海螺壳。慢慢地，她迷上了这里，通过亲身的经历，她写了一本书《快乐的城堡》。

沙漠并没有改变，当地的印第安人也没有改变，是什么使塞尔玛的生活发生了巨大的变化呢？心态，当然是心态，以前惧怕陌生的塞尔玛看到的只是泥土，但是，当这样的心态发生变化之后，她开始慢慢适应这个陌生的环境，并在体味中追寻到了快乐，甚至，她在沙漠里找到了星星。

王先生热衷于广结朋友，而他最擅长的就是与陌生人打交道。有朋友问他："面对陌生人，你不害怕吗？"

王先生哈哈大笑，回答说："我这个人可从来不提倡'不要和陌生人说话'，相反，我觉得与陌生人聊天乃是人生的一大乐趣。前不久我回老家，坐在拥挤的大巴车里，人们用熟悉的乡音聊天，一位年逾70的老大爷跟我们讲了他参加革命的故事，我就特别喜欢，时而询问两句，看着他那颤动的皱纹，我觉得自己又多了一个陌生的朋友。虽然，下车后，我们各走各的，可能以后都不会见面了，但是，他所讲述的那些故事，以及他这个人，都有可能会成为我讲给别人的故事，我仍记得，我曾跟这样一个陌生的大爷在一辆破旧的大巴车上热情地聊天。”

朋友笑了，问道：“也难怪你为什么能说那么多好听的故事，不认识你的人还以为你经历了很多事情呢？”王先生笑着说：“其实，那些故事都是来源于陌生人。人们常说‘行万里路’，事实上，我与那些不同的人打交道，听不同的故事，认识不同的人，我又何尝不是行万里路呢？所以，对于我来说，比起那些熟悉的朋友，我有时候更愿意接触陌生人。”

与陌生人结识其实就是一段新奇的旅程，在这段旅程里，你会认识到不同于以往所接触的人，包括他的秉性、长相、说话方式，以及发生在他身上的故事。其实，在这个世界上，对我们来说并没有什么完全陌生的东西，因为一切陌生的事情都会慢慢地变得熟悉起来。那熟悉的过程，事实上就是体味快乐的过程，有时候，快乐就是如此简单，比如，听别人的故事。

逆水行舟，不进则退

无论我们做什么事情，如果你总是在别人用过的套路中打转转，那只会束缚自己的思维，这时你应该做的，就是跳出框框，别被固有的思想禁锢住。当经验在大脑里越积越多，甚至会形成一种思维定式的时候，人们总习惯用自己的价值标准和思维模式来评判事物，其实，这就是所谓的“思想僵化”。

通常情况下，越是在机遇面前，一个人的心理越是趋于保守，他就越容易陷入这样的困境，他很难去做任何事情。生活在这个变化莫测的世界，时代总是向前，逆水行舟，不进则退，如果你不愿意创新自己的思想，总有一天，你将会被这个社会所淘汰。

匈牙利在20世纪40年代发明了圆珠笔，由于它易于书写和便于携带，所以一经问世便风行全球。可好景不长，这种圆珠笔在使用一段时间后就会出现漏油的毛病，弄脏了纸张及衣袋。

对此，圆珠笔发明者及很多研究圆珠笔的人对于漏油问题都反复进行了深入的研究，他们都发现毛病出在笔珠书写时受到磨损，墨油就跟随磨损部位漏出来。他们将注意力一直停留在笔珠的研究上，拼命提高笔珠的耐磨性。当他们把笔珠的耐磨性改善后，笔珠与笔杆接触的耐磨问题冒出来了。

而日本人中田藤三郎却发现了问题中的奥秘，在他看来，圆珠笔是个很有发展前途的商品，假如能改进它的漏油问题，将会获得比那圆珠笔的发明者更多的财富。他仔细分析了圆珠笔的结构及出毛病的原因，也总结了许多人对改进漏油问题的失败经验，最后，他采取逆向思维，获得了防止圆珠笔漏油的方法。

他的方法很简单：通过反复试验，统计当圆珠笔写到多少字后就漏油，在掌握这个数量的基础上，他着手把笔芯的装油量减少，减少到圆珠笔磨损在开始漏油之后，芯子中的笔油已经用完了，这样，再也无油可漏了。笔芯的油用完了，可换支笔芯，圆珠笔可继续使用。

在解决圆珠笔漏油的问题上，中田藤三郎并没有被固有思想的框框套住，而是逆向思想，开拓思维，因而巧妙地解决了难题。人和动物最根本的区别在于有思想、有思维活动，但是，思想也是需要推陈出新的。否则，总是被固有的思想束缚，只会一事无成。

在美国纽约街头，有一位卖气球的小贩，每次当自己生意不怎么好的时候，他就会使用这样的方法：向天空放飞几只气球。这样一来，就会吸引一些围观的小朋友来玩耍，自己的生意又会好起来，那些被气球吸引过来的小朋友都争着买他的色彩漂亮的气球。

有一天，当他向空中放飞了几只气球的时候，他发现了在一大群围观的孩子中间，有一个黑人小孩，他用一种疑惑的眼神看着天空。小贩很奇怪，他在看什么呢？顺着黑人孩子的眼光看去，发现空中正飘着一只黑色的气球。这只黑色气球是否代表着自己呢？

小贩走上前去，用手轻轻地抚摸黑人孩子的头，微笑着说："孩子，黑色气球能不能飞上天，在于它心中有没有想飞的那一口气，如果这口气够足，那它一定能飞上天空。"

在当时的美国，种族歧视十分严重，黑人在美国社会根本没有什么地位。难道黑人就真的没有办法像黑气球一样飞上天空吗？或许，在几百年前，美国白色人种不会相信有一天黑人也会坐上总统的位置，那是固有的思想。但是，在今天，相信所有的美国人都知道，黑色人种一样可以很好地统治美利坚合众国。当然，几百年来，无数的黑人并没有被固有的思想所束缚，他们一直在努力，终于，跳出了框框，而奥巴马则成为美国第一任黑人总统。

对于那些敢于冲破固有思想的人来说，他们永远不会跟随众人的思维模式，而是找到一条独辟蹊径的解决办法的道路，那是他们身上的一种特质。新思想是击破思维定式的有效武器，无论是在思考的开始，还是在其他某个环节上，当我们的

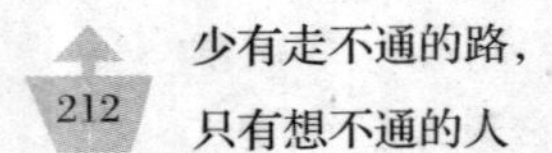

思考活动遭遇了障碍，陷入了某种困境，难以再继续下去的时候，你需要思考一下：自己的头脑中是否有了固有思想在起束缚作用，自己是否被某种思维定式捆住了手脚？

成功者说："财富是想出来的。"其实，一个人要想成功，不仅仅要养成思考的好习惯，还需要不断地创新自己的思想。开阔思路，扩展思维，这样，你才能更大限度地获取有益的信息，从而促成自己获得辉煌的成就。

改变了，你才能重新开始

在这个世界上，并没有一成不变的事情，这个世界无时无刻都在发生着巨大的变化。但是，改变将会引起人们内心的恐惧，事实上，几乎所有的改变都会导致恐惧，不管是好的改变，还是坏的改变，都会唤起人们内心的恐惧。有人想结婚，但他马上会陷入恐慌，如果爱情无法天长地久怎么办？如果自己选错了伴侣怎么办？有人想换一份新的工作，但他马上会惶恐不安，如果自己不能胜任新工作怎么办？如果公司没办法兑现求职时的承诺怎么办？甚至，有的人想改变自己的发型，他也会担忧不已，万一新发型看起来很糟糕怎么办？如果自己因此而变得不漂亮怎么办？这似乎是听起来很可笑的事情，但事实就是如此：改变常常令我们感到局促不安。

王太太结婚那年，嫁给了一个地产大户，因为家里相中了对方家里的财势。王太太第一次去他家，她看着旋转的大厅，以及宽阔的大花园，心里觉得没什么好拒绝的。于是，婚事就这样答应了下来。

结婚后，王太太过着衣食无忧的阔太太生活，老公整天忙着工作，她无聊就约上几个朋友打麻将，或者飞到香港去购物。她常常会想：如果失去了这样的生活，自己该怎么办？当然，王太太的担心并不是毫无理由的，最近，楼市跌得厉害，许多房产大户都成了穷人家。就好比经常与自己一起打麻将的张太太，去年房市低迷，他们硬是没熬过来，现在一家人挤在几十平米的出租房里。每次打电话，张太太就哭：“这日子是没法过了。”

没想到，过了不久，这样的猜想成为了事实。王先生投资失败，不仅血本无归，而且，还欠了几十万的债。王太太还没来得及看一眼后花园，就坐着一辆破旧的面包车走了。搬家后，他们租了房子，王先生的家人凑了钱还了债，王先生和太太都开始了工作。

上班、煮饭、洗衣服、一个人带孩子，这些事情，王太太连想都没想就做了。原来，她发现自己的老公除了会赚钱以外，还会炒菜、煮饭，还会逗着孩子开心。以前他太忙，两个人几乎没好好地在一起生活，现在这样的日子挺好的。王太太想起以前总害怕改变自己的生活，但是，真的变了，她却发现没什么不好，失去了物质上的富足，却找回了久违的家的温暖。

上帝在关上一扇门的同时，会为你打开另一扇门。当我们过着熟悉的生活的时候，总是害怕会被改变，但是，许多灾难、横祸是无法阻挡的，惟有改变我们的心态，以及我们内心的胆怯。不要去在乎自己失去了什么，哪怕是工作、房子、信用卡，无论我们的生活发生了怎么样的巨变，我们都可以从头开始自己的人生，甚至，你会重新登上新的高度。

惠普中国区首席财政官韩颖说："好的设想常常被扼杀在摇篮里，但这绝对不是你变得平庸的真正原因，永远不要害怕改变，改变里就有契机。"

当年，韩颖离开了自己工作九年的海洋石油公司，正式加入惠普公司，在财务部工作。那年，她34岁，面对周围朋友的异议，她说："人生什么时候改变都不会晚。"

在20世纪80年代末期，惠普公司的员工还没有工资卡，每次发工资都是手工完成。300多人的工资，又没有百元大钞，韩颖必须得一一核实，经常数钱数得头都晕了。无意中经过公司附近的一家银行，韩颖灵光一现，为什么不给员工开户，让员工凭着折子领取工资呢？

说做就做，她兴奋地告诉大家以后领工资不用去排队等候了，直接拿着折子就可以去银行领取了。但是，事情并不顺利，先是员工产生了抵触情绪，然后，上级领导又把韩颖批评了一顿。回到财务部，韩颖努力忍住自己的眼泪，难道自己真的错了吗？

正在这时，公司的上层领导听说了这事，肯定地赞扬了："你改写了公司手工发工资的历史，这种勇气和创新精神非常值得嘉奖！"

改变，它本身带着一种破坏性，意味着你将破坏以前固有的东西，而重新去接纳一种新的东西。几乎所有的改变都具有破坏性，即使是好的改变。但是，在生活中，许多事情都是需要改变的，那是不容拒绝的。

或许，人的心理就是这样矛盾，不变让人厌烦至极，而改变却让人局促不安。通常情况下，那些熟悉的、不变的事情总会让我们感到心安。

有人说："生命开始于舒适地带的尽头。"无论改变本身带给我们怎么样的不安心理，但是，我们必须记住：生活中的改变只是一个开始，而并不是一个结束。不要害怕改变，因为人生的乐趣就是接纳新的生活。

参考文献

[1]杨景云. 哪有走不通的路，只有想不通的人[M]. 北京：中国纺织出版社，2019.

[2]李雪. 只有想不通的人，没有走不通的路[M]. 北京：台海出版社，2017.

[3]马华兴. 思维破局[M]. 北京：北京联合出版公司，2018.

[4]韩彪. 只有想不通的人，没有走不通的路[M]. 北京：中国华侨出版社，2012.